高级语言程序设计

主 编：吴柳熙　林燕芬　吴 凡

厦门大学出版社 国家一级出版社
XIAMEN UNIVERSITY PRESS 全国百佳图书出版单位

图书在版编目(CIP)数据

高级语言程序设计/吴柳熙，林燕芬，吴凡主编. —厦门:厦门大学出版社，2017.1
ISBN 978-7-5615-6350-2

Ⅰ.①高… Ⅱ.①吴… ②林… ③吴… Ⅲ.①C 语言－程序设计 Ⅳ.①TP312.8

中国版本图书馆 CIP 数据核字(2016)第 313027 号

出 版 人	蒋东明
责任编辑	郑　丹
封面设计	蒋卓群
责任印制	许克华

出版发行 厦门大学出版社

社　　址	厦门市软件园二期望海路 39 号
邮政编码	361008
总 编 办	0592-2182177　0592-2181406(传真)
营销中心	0592-2184458　0592-2181365
网　　址	http://www.xmupress.com
邮　　箱	xmupress@126.com
印　　刷	三明市华光印务有限公司

开本	787mm×1092mm　1/16
印张	15
字数	360 千字
版次	2017 年 1 月第 1 版
印次	2017 年 1 月第 1 次印刷
定价	39.00 元

本书如有印装质量问题请直接寄承印厂调换

厦门大学出版社
微信二维码

厦门大学出版社
微博二维码

前　言

　　"高级语言程序设计"是高等院校工科专业的公共基础课,也是计算机相关专业开设的第一门必修类计算机语言课程,包含的知识与技能是计算机在各理工类专业的应用基础。因为通常开设在第一或第二学期,所以肩负着激发学生学习兴趣、强化专业认知与素养、培养学生分析与解决问题能力的重任,进而为后续课程打下牢固基础。这使得这门课程的重要性更加凸显,特别是在面对应用型人才培养的需求中,对教材的内容整体安排、知识衔接设置、理论实践配比和教学理念方法等都提出了更高的要求。

　　本书以循序渐进的引导方式对内容进行梳理,每个章节先从现实生活中的相关案例或需求中发现问题,提出解决或优化方案,进而导出所需要的知识技巧。让学生首先明白每章知识所能解决的问题,然后在明确所要学习内容的应用价值基础之上再进行阐释,激发了学生的求知欲,增强了学习的目的性;另外,在每个概念或知识点的阐释过程中都结合了相应的案例,标注了重点或注意事项,使整书显得简洁扼要,方便学生抓住要点,提高学习效率。

　　全书内容涵盖了 C 语言的基本概念、数据类型、运算符和表达式、程序结构、数组、函数、指针、自定义数据类型和文件。本书重点强调程序设计方法的教学,通过大量具有趣味性和实用性的案例来说明 C 语言中语法的应用,以及程序设计的概念、方法和技巧,并对相应的例题也做了必要的分析,对学生逻辑思维的培养具有启发性,也方便学生的课前预习或课外自学;对较难的函数、指针等章节给予更加详细的阐释。本书满足了作为公共基础课的需求,也兼顾了作为专业基础课的更高要求,总体结构合理、重点突出、难点分散、图文并茂、格式规范,有利于学生掌握 C 语言语法和应用基础、养成良好的程序设计风格与习惯、提高逻辑思维能力。既可作为各类高等学校本科、高职高专、成人教育的教材,也可作为计算机等级考试(二级 C)的参考书和自学教材。

　　本书的编者都是长期从事一线教学的教师,都有着五到十年的教学经验,而且年龄结构集中在 80 后,更具进取心,更加懂得现在 90 后和 00 后学生的学习心态和需求。其中,吴凡负责编写第一章和第五章,林燕芬负责编写第二章和第八章,郑银环负责编写第三章和第四章,吴柳熙负责编写第五章,邓莹负责编写第七章和第九章,最后由吴柳熙进行统稿。

　　在本书的编写过程中,团队经过了多轮次的探讨,也吸收了教研室其他老师的经验,得到了姜德森教授等老前辈的指导,在此一并表示感谢。本书部分内容参考了相关资料和网络资源，在此，我们对这些资料的作者们表示衷心感谢。

本书虽然倾注了编者们的心血，但由于学识和水平有限，书中还难免存在疏漏、错误和不当之处，恳请任课老师、广大读者和同行专家们批评指正，以便对本书进行不断完善。读者如果有疑问、意见和建议，敬请联系我们。作者联系方式：hxite@qq.com，欢迎广大读者与编者交流。

编者

2016 年 10 月于福建厦门

目　录

第1章 程序语言概述

 **本章导读**

　　程序是在解决问题时依照时间或空间的顺序安排的操作步骤。各个领域、各个事务都有一定的操作步骤。例如，参加学术会议，与会人员会收到议程介绍；工厂的流水线，严格规定了物品制作的流程。在对工作的规划上，常常预先编排操作步骤，这就是一般意义上的程序设计。

　　计算机自诞生以来，便协助人类求解问题的答案。随着计算机科学的迅猛发展，计算机应用的领域越来越广泛，解决的问题也日益增多。用计算机解决问题，需要事先确定问题的求解步骤，并将这些步骤用计算机指令或者计算机语言描述出来，其描述的结果称为计算机程序。用计算机语言对所要解决的问题中的数据以及处理问题的方法和步骤进行描述的过程称为程序设计。将设计好的程序交给计算机，计算机会按照程序中规定好的具体操作步骤对数据进行处理，直至得到最终结果，从而给出问题的答案。

　　程序设计的核心任务包括：对给定问题进行有效的描述并给出问题的求解方法（计算机科学中称为算法），正确地组织数据（计算机科学中称为数据结构），运用程序设计语言进行编码、调试和测试等。

　　本章简要介绍程序设计要解决的这些核心任务涵盖的基本概念。

主要知识点

1. 算法与程序设计
2. C语言程序的构成
3. 程序上机

1.1 问题求解与算法

1.1.1 问题求解

计算机对问题的求解实际上是计算机模拟人类思维解决问题的过程。这一过程涉及人的一般思维活动、人对数据的组织及处理过程。因此,在介绍如何运用计算机求解问题之前,有必要了解人类是如何解决问题的,重点是了解解决问题的思维过程。

举个简单的例子。有一个广泛流传的在麦地里选最大麦穗的故事。将问题简化,假设有一排麦子,每棵麦子上结了一个麦穗,允许人从头到尾走一遍,允许随意摘取和丢弃麦穗,如何选取最大麦穗?一般人的想法是,摘取第一个麦穗,随后将所见到的麦穗与手中的麦穗比较,保留大的,丢弃小的,最终沿这排麦子走完,必然会找到最大的麦穗。使用计算机语言描述的话,在这个问题中,摘取第一个麦穗就是初始化最大值,以后的每一次比较可以简写为同样的比较操作。

对于 N 棵麦子,处理方法如下:

第一步　摘取第一个麦穗,认为它是最大的;

第二步　重复 $N-1$ 次比较:走到下一棵麦子,如果当前麦穗比手中的大,丢弃手中麦穗,摘取当前麦穗。

以上语言就是和程序语言十分接近的伪代码,可以很容易地将接近人类思维的伪代码转化为计算机可读懂并操作的程序语言。

如果将问题扩大到整个麦田,要求在一定的时间内找到最大麦穗,这时人不可能将所有麦穗都比较一遍,他可能想到在光照、水土等客观条件不同的地方摘取一部分样本,然后在这些样本里找到相对最大的麦穗,这是人应对时间限制的变通。计算机同样也会遇到在有限时间或有限存储空间里无法完美解决的问题,这时在程序的设计上就要牺牲最优解,寻求达到要求的近似解。

1.1.2 算法及其特性

从本质上说,算法体现了人类对解决某一问题的思维方式,描述了人类解决同类问题遵循的规则。我们还可以从算法的经典问题中发现计算机模仿人类思维、动物习性和遵照自然界规律形成的优美算法。如果找到了解决某一类问题的算法,在同类的问题上,都可以采用这一算法的思想,处理问题,得到解答。

算法是对特定问题的求解步骤的一种描述,能够对符合规范的输入,在有限的时间内获得所要求的输出。在计算机程序设计中,算法的输入和输出都被编码成数字,因此算法对信息的处理实际上表现为对数据的某些运算。也可以说,算法描述了一个运算序列或数据处理过程。它强调问题求解的步骤和思想,而不是答案。例如上文中的求最大麦穗问题,求解步骤、取舍原则就是算法。

算法具有以下五个特性:

(1)有穷性。算法必须在有限步之后结束,每步必须在有限时间内完成。一个需要无限时间才能解决问题的方法等于没有解决问题。

（2）确定性。算法的每一步必须有确切的含义，进而整个算法的功能才是确定的。一个没有确切含义的操作步骤，会给算法带来不确定性。没有确定性的算法无法解决问题。

（3）可行性，又称为有效性。算法的所有操作都能够用已知的方法来实现。如果算法中含有不可实现的操作，则它无法求解问题。

（4）输入。一个算法必须要有输入，以刻画算法的初始状态。只有两种情况下算法没有输入：一是算法本身已经设置了初始条件；二是这个算法不能解决问题。对没有输入的算法一定要严格考察，判断其属于哪种情况。

（5）输出。一个算法必须要有一个或多个输出，以刻画用算法进行问题求解的结果。一个没有输出的算法是没有意义的。

算法与程序既有联系又有区别。满足算法五个特性的程序肯定是算法，但程序并非全部满足算法的五个特性。例如，计算机的操作系统程序可以不停地运行，它可以总是处在不终止的循环中，等待新的工作任务输入，操作系统中这段循环程序就不满足算法的有穷性特征。

作为对特定问题求解步骤的描述，算法中顺次描述的步骤在操作上不一定顺次执行。算法中各步骤的执行顺序问题也就是算法的流程控制。按不同的流程，算法的基本结构分为顺序结构、选择结构和循环结构三种。

（1）顺序结构。顺序结构就是算法中一组操作步骤的执行顺序是按照书写顺序依次进行的，并且每个步骤只执行一次。

（2）选择结构。选择结构也称为分支结构。选择结构往往由若干组操作组成，根据某个条件的成立与否，选择其中的一组执行，这样每组操作就形成了一个分支。选择结构中每次只有一个分支被执行，其余分支不会被执行。分支结构中每一个分支也可以是算法的三种基本结构中的任意一种，也就是说每个分支中除了有顺序结构外，还可以有进一步的分支结构或循环结构。

（3）循环结构。循环结构是指算法中的一组操作在一定条件下被反复多次执行。被反复执行的部分称为循环体。循环结构也需要判断条件，当条件满足时，算法进入循环体执行；当条件不满足时，循环结束，执行循环结构之后的其他步骤。循环结构中循环条件的设置非常重要，设置不当，循环永不结束，即出现死循环。与分支结构类似，循环体可以是算法的三个基本结构中的一种。当循环体只执行一次时，循环结构就是顺序结构。

1.1.3 算法的描述方法

在构思和设计了一个算法后，必须清楚准确地将所设计的求解步骤记录下来，即描述算法。如果用自然语言描述算法容易引起歧义，会降低算法的确定性。而使用程序设计语言来描述虽然严谨规范，但是不便阅读。在计算机领域中，通常采用自然语言、流程图和伪代码来描述算法。

1. 自然语言

自然语言一般指我们所用的规范语言，往往偏重书面语，而不是口语。除非是非常简单的问题，否则不推荐用这种方法来描述。

如:任意给定一个正实数 R,求以该值为半径的圆面积。

步骤 1:输入正实数 R。

步骤 2:计算圆的面积 $S = \pi R^2$。

步骤 3:输出圆面积 S。

2. 流程图

流程图法是采用规格化的图形符号结合自然语言以及数学表达式进行算法描述。其特点是简明直观,便于理解,与程序设计语言无关,同时又很容易细化成具体的程序。流程图中常见的图框及流程线如图 1-1 所示。

起止框　　数据框　　处理框　　判断框　　流程线　　注释框

图 1-1　流程图常见图标

起止框:表示程序的开始或结束。作为起始框时,没有入口,只有一个出口;作为终止框时,没有出口,只有一个入口。

数据框:表示数据的输入或输出。它有一个入口和一个出口。

处理框:表示数据运算及其处理的图框。它有一个入口和一个出口。

判断框:对给定的条件进行判断,根据条件成立与否决定如何执行程序的后续操作。它有一个入口和两个出口,根据判断条件成立与否选择其中一个出口。

流程线:表示操作流程的去向,一般用带箭头的线段或者折线来表示。

注释框:是为了对算法的某些地方作必要说明而引进的,以帮助程序设计人员阅读算法或使程序设计人员更好地理解流程图的作用。它是流程图中的可选元素,并非必备元素。

图 1-2 所示为查找最大数的算法流程图。

3. 伪代码

伪代码是在程序设计语言的基础上,简化并放宽语法规则,保留主要的逻辑表达结构,并结合自然语言和一些数学表达方式形成的类似于程序设计语言的一种描述方式。采用这种方式描述的算法可以很容易地细化为具体的程序。

以下为类 C 语言的求最大数算法伪代码。

给 a1,a2,a3,a4,a5 赋值;

a=a1;i=2;

while(i<=5)

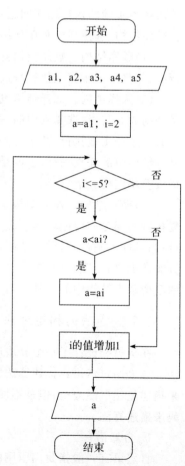

图 1-2　求最大值流程图

```
{
    if(a<ai)a=ai;
    i 的值增加 1;
}
```
输出最大数 a；

1.2 程序设计与程序设计语言

1.2.1 程序与程序设计

计算机程序是编码为数字的指令序列,程序员将解决问题的方法、步骤编写成由数字 0 和 1 组成的一条条指令,输入到计算机中,计算机执行这些指令,便可完成预定的任务。

程序设计初期,由于计算机硬件条件的限制,运算速度与存储空间都迫使程序员追求高效率。程序的可理解性、可扩充性在次要考虑之列。随着计算机硬件与通信技术的发展,计算机应用领域越来越广泛,应用规模也越来越大,程序设计不再是一两个程序员就可以完成的任务,在这种情况下,编写程序除了必要的高效率之外,更要综合考虑程序的可靠性、可读性、可扩展和可重用性。

1.2.2 程序设计语言

编码为数字的指令与计算机硬件的各个组成部分密切相关,这样的编码系统被称为机器语言。机器语言是第一代程序设计语言。由于机器语言代码是一堆庞大的数字,它的语义对人来说晦涩难懂,因此,用机器语言编写程序是一项冗长、乏味而艰巨的事情,并且容易出错。

为了改善程序的可阅读性,简化程序设计过程,研究人员开发了可以用英语单词或单词缩写来表示机器指令的助记符系统,助记符能够方便地帮助人们弄清机器指令的含义。

例如,把寄存器 r5 中的数据送入寄存器 r6,用机器语言可表示为

4056

用助记符系统可表示为

move r5,r6

用助记符系统书写的程序,计算机无法直接识别和执行。为了将助记符程序转换为机器语言程序,研究人员开发了汇编程序,用汇编器将助记符程序翻译成用数字表示的机器指令序列,一条汇编指令基本上对应一条机器指令。这种翻译程序之所以被称为汇编程序,是因为它们的任务是将指令助记符和存储单元的标识符汇编成实际的机器指令。因此,将表示程序的助记符语言称为汇编语言。

汇编语言与人类的自然语言之间的鸿沟有了大幅缩小,它的出现代表了人类在研究程序设计技术方面迈出了巨大的一步。汇编语言是第二代程序设计语言,它的出现是程序设计技术的一次革命。

汇编语言的指令助记符与特定的计算机硬件属性相关,命名数据的标识符仍然和特定

的存储单元紧密关联,用汇编语言设计的程序是专机专用,用一种机型的汇编语言编写的程序不能简单地移植到其他类型的机器上。因此,运用汇编语言和机器语言进行程序设计的模式被称为面向机器的程序设计。

为淡化程序语言与计算机硬件的紧密关系,第三代程序设计语言比汇编语言更加适合程序设计,这一代程序设计语言又称为高级程序设计语言。

例如,求和的高级程序设计语言代码如下:

first＝3;

second＝2;

third＝first＋second;

高级程序设计语言所使用的语句,不仅代表了机器指令序列,而且采用了接近人类自然语言的数据命名方式和接近数学表达式的运算式。另外,语句不涉及任何特定的机器硬件与指令系统,使得高级程序设计语言表现出了机器无关性,从理论上来说可以在任何计算机上运行。

高级程序设计语言的诞生是程序设计技术的又一次革命,一条语句可以表达一个高级活动,没有涉及具体的计算机如何实现这个活动,使得程序员绕开了复杂的计算机硬件问题,将精力集中到问题的求解方法与过程上来。因此,这种运用高级语言进行程序设计的方法被称为面向过程的程序设计。由于高级语言的机器无关性,用高级语言设计的程序能够比较容易地从一种类型的计算机移植到另一种类型的计算机。

随着计算机技术的发展,又发展出了面向对象的程序设计方法以及相对应的程序语言,这种语言以功能划分问题,抽象程度更高,具有更好的可移植性和可扩展性。

高级程序设计语言一般有编译和解释两种方式来执行各条语句。编译是将源程序翻译成可执行的目标代码,翻译与执行是分开的;而解释是对源程序的翻译与执行一次性完成,不生成可存储的目标代码。这只是表象,二者背后的最大区别是:对解释执行而言,程序运行时的控制权在解释器而不在用户程序;对编译执行而言,运行时的控制权在用户程序。

编译器是把源程序的每一条语句都编译成机器语言,并保存成二进制文件。这样运行时,计算机可以直接以机器语言来运行此程序,速度很快。

而解释器则是只在执行程序时,才一条一条地解释成机器语言给计算机来执行,所以运行速度不如编译后的程序运行得快。解释执行具有良好的动态特性和可移植性,比如在解释执行时可以动态改变变量的类型、对程序进行修改以及在程序中插入良好的调试诊断信息等,而将解释器移植到不同的系统上,则程序不用改动就可以在移植了解释器的系统上运行。同时解释器也有很大的缺点,比如执行效率低,占用空间大,因为不仅要给用户程序分配空间,解释器本身也占用了宝贵的系统资源。

这里我们也简单说一下 C 语言编译并形成可执行文件的过程,大体可以分四个部分:预处理、编译、汇编和链接。

(1)预处理过程读入源代码,检查包含预处理指令的语句和宏定义,并对源代码进行响应的转换。预处理过程还会删除程序中的注释和多余的空白字符。

(2)编译阶段是把前一阶段形成的预处理后文本编译成汇编语言程序。

(3)汇编阶段的工作则是将汇编语言代码编译成语言指令,并将结果保存在目标文件中。C 语言中目标文件后缀通常为.obj。

（4）最后将源程序调用的包含库函数，并且编译好的目标文件链接到我们的源文件中。链接器的输出结果是可执行的目标程序。

1.2.3 程序设计的一般过程

用计算机求解一个复杂的实际问题，直接编写程序是不切实际的，必须从对实际问题的描述入手，经过分析、确定数据结构、设计解决方案和算法后才能开始编写程序。程序编写完成后还需要对程序进行测试、修改等一系列的步骤，这样才能得到符合实际需求的程序。

1. 描述问题

问题求解的第一步就是要完全理解问题，并对问题进行描述，弄清楚要解决什么问题，要达到什么目的，问题已经具备了哪些已知条件，还有哪些条件不具备，需要进一步去挖掘。因而，必须对问题做出认真、翔实的描述。在对问题进行描述时要去除不重要的信息，找到最根本的东西，弄清楚问题的一般情况和一些特殊情况。

2. 建立模型

问题的求解就是对一系列数据的处理，所以在对问题有了清楚的了解之后，就应该将问题用数学语言描述出来，形成一个抽象的、具有一般性的问题，从而给出问题的模型。模型阐述了问题所涉及的各种概念、已知条件、求解过程、求解结果，以及已知条件与结果之间的关联信息等。

建立模型阶段要给出问题中数据的表示方法，并描述数据的类型、取值范围等。确定问题求解的方法，也就是给出用笔进行解题时的分析方法与解题方法。正确的模型是进行算法设计的基础，模型和算法相结合才能得到问题的解决方案。

3. 设计算法

模型建立后，需要对该模型进行算法描述，即设计算法。设计算法就是设计一套解决问题的详细步骤，并要检查、验证算法能否按预期的那样解决问题。算法是计算机科学的核心问题之一。编写算法通常是解决问题过程中最难的部分。在开始时不要试图解决问题的每一个细节，而应该使用先粗略后细致、逐步求精或自顶向下的方法来求解。

算法的初步描述可采用自然语言，然后逐步转化成流程图或伪代码。算法的描述要简单明了，能够突出程序的设计思想。

4. 编写程序

根据程序的应用目标，选择一种适宜的程序设计语言，将用自然语言、流程图或伪代码表示的算法转化成计算机语言表示的程序代码，这个过程称为编写程序阶段。

为了使程序容易测试和维护，所选的计算机语言应有理想的模块化机制，以及可读性好的控制结构和数据结构。编写的源程序代码要符合算法的要求，要逻辑清晰、易读易懂，有良好的程序风格。

5. 测试程序

程序必须经过严格的、科学的测试才能最大限度地保证程序的正确性。同时只有经过测试才能对程序的稳定性、安全性等作出评估。

测试就是检查所设计的程序是否能按照预期进行工作。用不同数据组合进行多次测试,测试时不但要测试程序的一般情况,还要对一些边界条件进行测试,从而保证程序在算法描述的所有情况下都正常工作。测试时,程序设计人员一定要抱着"鸡蛋里挑骨头"的态度,竭力找出程序中的错误。测试的最终目标是能够发现程序里潜藏的更多错误,最终设计出高质量的程序。

1.3 C 语言程序的基本构成

1.3.1 基本字符集

C 语言程序中用到的字符都是 ASCII 的一个子集,ASCII 中总共有 128 个基本符号,它的十进制编码范围为 0 到 127,通常将这些编码成为 ASCII 值。ASCII 值从 32 到 126 的符号是可以显示与打印的符号,并且能够直接从键盘输入到计算机中,它们都能作为 C 语言的元素符号,并在 ASCII 表中分为四个部分。

(1)ASCII 值从 48 到 57 的符号是阿拉伯数字符号 0 到 9;

(2)ASCII 值从 65 到 90 的符号为大写英文字母 A 到 Z;

(3)ASCII 值从 97 到 122 的符号为小写英文字母 a 到 z;

(4)其余的符号为空格、下划线符、标点符号、连字符、括号、运算符号等。

这些字符用来构成语法元素,如数据类型、变量以及语句,在编译时能够被编译器检查并翻译生成目标程序。

1. 转义字符

C 语言提供了一些具有特殊意义的转义字符,它们也是字符常量。转义字符是由反斜杠和一个字符构成的,通常当作一个整体来看,在使用时要放在一对单撇号中。表 1-1 给出了 C 语言的部分转义字符。

表 1-1　转义字符表

转义符	名称	转义符	名称
\n	回车换行	\f	换页符
\t	水平制表	\'	单撇号
\b	退格	\"	双撇号
\r	回车不换行	\\	反斜杠

C 语言的每个符号都有其原本的定义及用途,如果要改变它的用途就必须对其进行转义处理。比如,单撇号"'"被定义为字符数据的定界符,它们在 C 语言中就不再具有自然语言中单引号的用途。如果想让它们实现自然语言中的功能就必须对其进行转义。由表 1-1 可看出,反斜杠"\"符号在 C 语言中被用作了转义字符的前缀,如果想在字符数据中实现反斜杠的本来意义,就必须用两个连续的反斜杠。

1.3.2 词法单位

1. 标识符

在程序设计中常常要用到数据类型、变量、常量、函数、语句等事务对象，用 ASCII 集中的符号对这些事务对象命名，这些名字就叫标识符。标识符的命名具有一定的规则和原则。

(1)能够作标识符的字符

在 ASCII 集中只有以下几种符号才能做标识符：

①26 个大写和 26 个小写英文字母(A 到 Z，a 到 z)。C 语言是大小写敏感语言，同一个字母的大写和小写视为不同的字符。

②10 个阿拉伯数字(0 到 9)。

③下划线字符(_)。

(2)命名规则

标识符的命名规则如下：

①开头的第一个字符必须是字母或下划线。

②从第二个字符开始可以是字母、数字、下划线三类字符中的任意一个。

(3)命名原则

标识符的命名原则如下：

①开头的第一个字符如无特殊需求，尽量用字母表示。

②标识符的命名要遵循"见名知义"的原则。按照这个原则以及命名规则，标识符用英语单词较为妥当。例如，一个用来存放工资的变量命名用英文单词 salary 就做到了见名知义。

③当需要用两个以上的单词表示一个标识符时，单词之间用下划线连接，或每个单词的第一个字母用大写字母，这样有利于读者阅读程序，并体现出了良好的设计风格。

根据上述规则和原则，下列标识符均符合规则，且风格良好。

_total，circle_area，CollegeStudent，student2，POWER

2. 保留字

保留字又叫作关键字，用户在给自己的标识符起名字时还要注意避开 C 语言的保留字。保留字就是 C 语言系统已经预先命名并使用了的标识符，这些标识符是预留给 C 语言系统用来表示数据类型、语句名称以及变量的各种属性名称的，不允许程序员再使用这些标识符给自己程序中的变量、函数等进行命名。C 语言的全部保留字有 auto，break，case，char，const，continue，default，do，double，else，enum，extern，float，for，goto，if，int，long，register，return，short，signed，sizeof，static，struct，switch，typedef，union，unsigned，void，volatile，while。C 语言的保留字全部是由小写字母组成。

3. 运算符

C 语言的运算范围非常广泛，许多功能成分都可以归结为运算，每种运算至少有一个运算符。C 语言的运算可以归纳为 13 种类型：算术运算($+$，$-$，$*$，$/$，$\%$)，关系运算($==$，$!=$，$>$，$>=$，$<$，$<=$)，逻辑运算($!$，$\&\&$，$\|$)，位运算($\sim$，$\&$，$|$，$\wedge$，$<<$，$>>$)，赋值运算($=$)，条件运算($?:$)，逗号运算($,$)，指针运算($*$，$\&$)，求字节数运算(sizeof)，强制类型转换

运算,成员运算(.或一>),下标运算([])和函数运算。

4. 定界符

定界符包括以下几类:

(1)"{"和"}"是函数以及复合语句的起止范围定界符,表明复合语句以及函数的实体部分从"{"开始,到"}"结束。

(2)"("和")"是表达式的开始和结束,或者说用来确定表达式中某个局部的优先级。在代数中,算术表达式有多层次的优先级时使用花括号、方括号和圆括号来逐层区分,但 C 语言中只用单一的圆括号来嵌套实现,如$((a+b)*c-d)*c$。

(3)两个单撇号' '用来表示字符常数的定界,如' A'。

(4)两个双撇号" "用来表示字符串的起始与终结,如"computer"。

5. 间隔符

间隔符号包括以下几类:

(1)分号";"表示语句之间的分隔,所以 C 语言要求每条语句都必须以";"结束。另外,";"也是 for 循环语句控制体中三个部分之间的间隔符。

(2)逗号","可作为声明语句中各变量之间的间隔符,函数的参数之间的间隔符,同时也是逗号表达式中各部分之间的间隔符。

(3)空格也是 C 语言中的一个间隔符,主要用于由多个英语单词组成的指令中单词之间的间隔,或用于变量与运算符之间的间隔。

1.3.3 语法单位

1. 表达式

表达式是用运算符按照一定的规则将运算对象连接起来的式子,其中的运算对象包括变量、常量和函数等。在 C 语言中,几乎每种运算都有相应的表达式,算术运算有算术表达式,关系运算有关系表达式,逻辑运算有逻辑表达式,赋值运算有赋值表达式,等。如

$Area=PI*Radius*Radius$

这是一个赋值表达式。

2. 语句

C 语言的语句可以简单地分为两类,一类是变量的声明语句,一类是可执行语句。语句的结束符号均为";"号。可执行语句的作用是向计算机系统发出指令,对数据进行加工处理,或者执行一些其他的相关操作。可执行语句按照复杂程度分为简单语句与复合语句。

简单语句有赋值语句与函数语句。赋值语句是在赋值表达式之后加上一个分号形成的语句,它的作用是将一个值或者一个计算结果存储到一个变量中,用于执行程序中的大多数运算。例如:

$a=2$;

$v=x+y+0.5$;

第一条语句是将数值 2 存储到变量 a 中,第二条语句是将表达式 $x+y+0.5$ 的计算结果存储到变量 v 中。

函数语句是函数单独使用时的语句。例如:

```
scanf("%1f",&Radius);
printf("Area=%f,Circum=%f\n",Area,Circum);
```

在进行程序设计时用一对花括号将一组功能上具有关联关系的简单语句括起来,构成一个功能模块,这个模块称为复合语句。

复合语句常常放在流程控制语句中,用来连续执行一组语句。这组语句完成一个独立的操作功能。例如:

```
{
    sum=sum+1;
    i=i+1;
}
```

控制语句是 C 语言实现程序流程控制的语句,主要有选择语句和循环语句。选择与循环语句属于语句级别的控制,选择语句中的每个分支以及循环语句中的循环体仍然是语句,这些语句既可以是简单语句也可以是复合语句和控制语句。

选择语句有 if-else 和 switch 两种语句,它们能够根据某个给定条件的成立与否在两个或多个备选的语句块中选择其中的一个语句块执行。

循环语句有 for、while 以及 do-while 三种语句,它们根据条件决定是否重复执行嵌套在其内部的语句块,这种语句块被称为循环体。

还有与流程有关的 break、continue 等辅助语句,它们不能单独使用,必须与选择语句和循环语句配套使用。break 能与选择语句的 switch 语句以及所有的循环语句配套,continue 语句只能与循环语句配套。

3. 模块(函数)

在实际应用中,有些用于解决问题的算法比较抽象而且复杂,程序开发人员在设计解决问题的方案时,需要逐级降低问题的抽象程度和复杂程度,将一个抽象问题分解成多个抽象级别较低的子问题,在解决每个子问题时,又可引入抽象层次更低的子问题。这种由高到低逐层降低问题的抽象程度,增强问题的具体性,直到全部问题被解决的分析过程和设计方法叫作自顶向下的设计方法。实现自顶向下的程序设计的一种重要手段是将一个大的程序分解成若干个具有关联关系的程序模块,每个模块独立编写一个子程序。子问题进行独立编码的方法叫作模块化程序设计方法。C 语言中实现模块化程序设计的工具就是函数。

函数既在程序中起着流程控制的作用,又是对程序进行模块化组织与管理的重要手段。每个函数都是为了在程序中实现某个独立功能而编写的。在 C 语言中函数必须先定义,后调用。函数的一般定义形式如下:

函数的类型　函数名(参数列表)

```
{
    声明语句部分;
    执行语句部分;
}
```

函数就是一个微缩版的程序。函数的参数机制是实现向函数输入数据的装置,局部变量是函数中的数据存储装置,函数中的可执行语句是函数对数据实施加工处理的装置,函数值的返回机制就是向函数之外输出数据的装置。

C 语言中的函数可按其来源和函数参数及返回值进行分类。

（1）按函数的来源分类

按来源分，函数可以分为标准函数和自定义函数两种。由 C 语言系统提供的函数称为标准函数，由程序员自己编写的函数称为自定义函数。

标准函数大多数都是在进行程序设计时用户必须用到的函数。例如，在程序设计中都要用 scanf() 和 printf() 两个函数进行输入、输出；在进行数值计算时必须用到一些基本的数学函数，如三角函数、对数函数、指数函数等。这些函数的编写涉及计算机的许多硬件细节或者普通用户难以掌握的算法，为了降低用户的编写难度、提高编程效率，C 语言系统的制造商将这些函数事先编写好，随着 C 编译系统发行，用户在使用时按照系统约定的一种标准调用方式直接调用。

自定义函数是程序员根据 C 语言的函数编写规则编写的函数。这些函数一般是根据用户所要解决问题领域的一些特殊算法来编写的，它有特殊的用途。在 C 语言程序设计中，大量的工作就是设计自定义函数及其相互间的调用关系。

（2）按函数参数及返回值分类

函数在进行相互调用时，互相传递数据是不可避免的。根据函数是否需要接受其他函数传来的数据，可将函数分为有参函数与无参函数两种类型；根据函数在执行完成后是否将它们处理的结果传递给调用它的函数，可将函数分为有返回值函数与无返回值函数。例如：

double sin(double x)　　　/* 正弦函数 */

属于既有参数又有返回值的函数。而

int getchar ()　　　　　　/* 从标准输入设备读取一个字符 */

是一个无参函数，即函数在调用时不需要从调用它的函数中得到数据。又如

void rewind(FILE * fp)　/* 指针 fp 所指文件的读写位置指针复位函数 */

是一个无返回值的函数。

函数是否有返回值，决定了函数在程序中被调用的方式。有返回值的函数一般是为了完成一个计算，并将计算结果输出给调用它的函数而编写的。这种函数在程序中被调用的方式比较灵活，既可以在一个表达式中出现，参与表达式的运算，也可以作为一个独立的语句。无返回值的函数一般是为了指挥计算机完成一系列的动作而编写的，它只能作为独立的语句存在于程序中。

1.3.4 程序

以计算圆的面积与周长的程序为例。

【例 1-1】　计算圆的面积与周长的程序。

```
/* 功能:计算圆的面积与周长 */
/* 时间:2016 年 6 月 21 日 */
#include "stdio.h"              /* 将 stdio.h 包含到本程序中 */
#define PI 3.14159             /* 将 PI 定义为 3.14159 */
 void main(void)               /* 主函数名称及其类型 */
```

```
{
    double Radius;                      /* Radius 为存放圆半径的变量 */
    double Area;                        /* Area 为存放圆面积的变量 */
    double Circum;                      /* Circum 为存放圆周长的变量 */
    scanf("%lf",&Radius);               /* 输入圆的半径 */
    Area=PI * Radius * Radius;          /* 计算圆的面积 */
    Circum=2 * PI * Radius;             /* 计算圆的周长 */
    printf("Area=%f   Circum=%f\n",Area,Circum);/* 输出圆的面积和周长 */
}
```

以上是一个结构单一的小程序,但也包含了齐备的语法元素。

1. 程序的说明与注释

程序中以"/*"开头、"*/"结尾的内容都是程序的说明部分,即注释。通常在 C 程序的一个函数前面放置一段注释性的语句,用以说明程序的用途、开发时间、开发者等。在语句后面所写的注释一般是对该语句作用的具体说明。

2. 编译预处理指令

程序中以"#"开头的是预编译指令,在对一个源程序编译前用于向编译器的预处理程序发出相关指令。

"#include"指令指示编译预处理程序去访问某个库文件,将程序中需要用到的库文件中的内容插入到程序中来。C 语言系统为程序员提供了很多事先编好的函数以及符号常量,这些函数和常量都放在称为库的文件中,每个库都有标准的头文件,其文件名以".h"结尾。在 stdio.h 头文件中,C 语言预先声明了有关输入/输出函数以及用户需要的其他内容,其中包含了例 1.1 中用到的输入函数 scanf()和输出函数 printf(),因此,在程序的开头,用语句"#include "stdio.h""将 stdio.h 头文件插入到程序中。

"#define"指令是宏定义指令。C 语言允许程序员在编写程序时将一些直接常量用符号来代替,这样的符号称为宏常量。在程序编译时,由编译预处理程序根据 #define 定义的宏常量与直接常量的对应关系,将程序中所有的宏常量替换成直接常量。例如例 1.1 中,"#define PI 3.14159"定义了用宏常量 PI 表示 3.14159,在对程序进行编译预处理时会将程序中所有的 PI 都替换为 3.14159。

3. 主函数

例 1.1 余下的部分即为程序的实体部分,称为主函数。其中第 5 行为函数头,第 6~14 行为函数体。主函数以 main()为标识,函数体由一对花括号括起来。

函数头 main 前面的 void 表示该函数是一个空值函数,不产生返回值;main 是这个函数的名字;main 后面的括号内是该函数所用的参数,本函数不带参数。

在函数体中,第 7~9 行是函数的声明部分,定义了程序中要用到的三个 double 型局部变量 Radius、Area、Circum,分别用来存储半径、面积、周长。第 10~13 行是程序的可执行部分。第 10 行是一个格式化的输入函数,在执行时会等待用户从键盘为变量 Radius 输入一个值;第 11、12 行分别计算圆的面积与周长并把计算结果赋给变量 Area 与 Circum;第 13 行是一个格式化输出函数,用来输出圆的面积与周长。

下面再看一个结构相对完整的 C 程序。

【例 1-2】 另外一个计算圆的面积与周长的程序。

```
#incude "stdio.h"                    /* 将 stdio.h 包含到本程序中 */
#define PI 3.14159                   /* 定义 PI 为 3.14159 */
double CircleArea(double r);         /* 向前声明 CircleArea()函数 */
double CircleCircum(double r);       /* 向前声明 CircleCircum()函数 */
void main()                          /* 主函数名称及其类型 */
{
    double Radius;                   /* Radius 为存放圆半径的变量 */
    double Area;                     /* Area 为存放圆的面积的变量 */
    double Circum;                   /* Cricum 为存放圆的周长的变量 */
    scanf("%lf",&Radius);            /* 输入圆的半径 */
    Area=CircleArea(Radius);         /* 计算圆的面积 */
    Circum=CircleCircum(Radius);     /* 计算圆的周长 */
    printf("Area=%f   Circum=%f\n",Area,Circum);/*输出圆的面积和周长 */
}       /* 主函数结束 */


/* 下列函数 CircleArea()用来计算圆的面积 */
double CircleArea(doubule r)    /* r 表示圆的半径 */
{
    double s;                  /* s 存放圆的面积 */
    s=PI*r*r;                  /* 计算圆的面积,并将计算结果存入 s 中 */
    return s;                  /* 将面积 s 作为函数的计算结果 */
}    /* CircleArea()结束 */


/* 下列函数 CircleCircum 用来计算圆的周长 */
double CircleCircum(double r)   /* r 表示圆的半径 */
{
    double s;                  /* s 存放圆的周长 */
    s=2*PI*r;                  /* 计算圆的周长,并将结果存在 s 中 */
    return s;                  /* 将周长 s 的值作为函数的计算结果 */
}    /* CircleCircum()结束 */
```

本例程序的功能与例 1.1 中程序的功能完全相同,都是计算圆面积和周长的程序。例 1.2 是对例 1.1 进行了结构上的改造。例 1.2 程序由三个函数构成:main()函数、CircleArea()函数、CircleCircum()函数。程序的第 5～14 行为 main()函数,与例 1.1 的 main()函数相比,除了第 11、12 行之外,其他语句均相同。第 11 行的语句"Area=CircleArea(Radius)"语句是调用函数 CircleArea()来计算圆的面积,并将计算结果赋给变量 Area。第 12 行的语句"Circum=CircleCircum()"是调用函数 CircleCircum()来计算圆的周长,并将结果赋给变量 Circum。

　　程序的第 16～21 行为 CircleArea() 函数,是真正执行圆面积的计算的部分。该函数的函数头为 double CircleArea(double r),其中 double 为函数计算结果的类型值,也叫函数返回值的类型。CircleArea 为函数名,函数名后面一对圆括号中的内容是函数参数,此参数为一个 double 型的变量 r。第 17～21 行为函数体,位于一对花括号中。第 18 行是一个局部变量声明语句,声明了一个用于存储计算结果的变量 s。第 19 行是用于圆面积计算的语句,并将计算结果存到变量 s 中。第 20 行结束本函数的执行,并将计算结果返回给调用它的 main() 函数。整个 CircleArea() 函数的结构与 main() 函数的结构比较相似。

　　程序的第 23～28 行为 CircleCircum() 函数,是真正执行圆周长计算的部分。此函数的结构与 CircleArea() 函数完全相同,也与 main() 函数的结构相似。

　　本程序的第 3、4 行是对被调用函数 CircleArea() 与 CircleCircum() 向前进行的声明。由于 CircleArea() 与 CircleCircum() 是在 main() 中调用,而它们的定义却在 main() 之后,为了使编译系统能够识别它们,必须在调用之前对其进行声明,告诉编译系统程序中存在这一函数,这种声明称为函数的前向声明。

　　这个程序在运行时,先执行 main() 函数中的语句,当执行到 Area＝CircleArea(Radius) 语句时暂停 main() 函数中其他语句的执行,转而去执行 CircleArea() 函数中的语句,完成圆面积的计算任务。当 CircleArea() 函数中的语句全部执行完后,带着计算结果返回到 main() 函数,继续执行 main() 函数中没有执行的语句。Circum＝CircleCircum(Radius) 语句的执行方式与 Area＝CircleArea(Radius) 是相似的。当 main() 函数中所有语句执行完后,整个程序才执行完毕。

　　通过对这个程序的分析可以看出,一个程序除了有一个 main() 函数以外,还可以有其他函数,这些函数具有与 main() 函数十分相似的框架结构。

　　通过对例 1.1 和例 1.2 的考察,我们可以对 C 语言程序得出一个一般的认识。

　　(1)从结构上看,一个 C 语言程序由若干个函数构成,函数是基本的 C 语言程序单位。每个函数都有相似的结构,即每个函数都有函数头以及函数体两大部分。函数头由函数返回值的类型、函数名以及函数参数列表组成;函数体由声明语句以及执行语句两大部分组成。

　　(2)一个程序必须有一个主函数 main(),程序先从 main() 函数开始执行,最后结束于 main() 函数。一个程序可以包含若干个函数,main() 函数在执行的过程中展开了一系列的函数调用,由函数调用关系形成了一个完整的功能体系。从这个角度来说,程序设计就是一个个函数调用关系的设计。

　　(3)一个程序需要调用标准库函数,在程序的开头部分必须用预编译指令＃include 将相关的信息包含到本程序中来;对于后定义的函数,必须在调用的函数之前进行向前声明。

　　(4)从功能上来看,一个 C 程序就是对特定的数据进行存储、处理,并将处理结果传输给用户的过程,所以,程序应该包含提供原始数据、进行数据存储、实施数据处理并对处理结果进行输出的功能。

1.4 C 语言程序的上机过程

目前大学里常用的 C 语言考试环境主要有两种：基于 DOS 环境下的 Turbo C 平台和基于 Windows 环境下的 Visual C++平台。我们针对这两个平台分别讲解一下。

1.4.1 Turbo C 环境

打开 Turbo C 程序，可以看到类似图 1-3 的界面。由于这个开发环境出现时，鼠标还没有开始使用，因此只能用键盘操作。菜单栏下边的编辑界面最左上数据标明了目前光标所在行和列位置(Line 1,Col 1,第一行第一列)。后边"Insert Indent Tab fill Unindent"是提示用户，可以用 Tab 键来建立锯齿形的代码。我们可以看到下边的代码里，第一行的 main()以及后边一对大括号都是顶格写的，而大括号里边的代码左侧都离最左边的边界有两个字符的距离。如果代码结构更复杂，还可以继续缩进，这就是程序代码的锯齿形结构。这种结构可读性比较好，看起来一目了然。再往后是文件的路径和名字。由于该文件是系统直接给的，所以没有具体名字，只有一个 NONAME 来临时命名。.C 说明该文件已经定义为 C 语言源代码文件。窗口下边有一排操作提示，如 F5 是窗口大小转换，F10 是转入菜单选择。

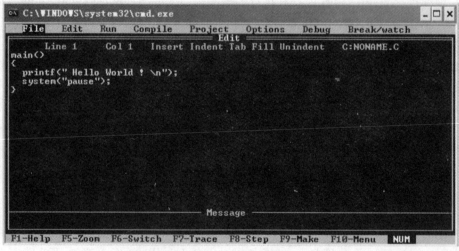

图 1-3　Turbo C 初始界面

在这里我们介绍几个常用的命令，分别在 File 菜单和 Run 菜单里。

如图 1-4 所示，打开 File 菜单，几个常用的命令如下所示：

(1)Load 项可以加载一个已经存在的文件；

(2)Pick 项和 Load 类似；

(3)New 项可以建立一个新的空白文件；

(4)Save 项可以对当前文件进行保存；

(5)Quit 项是退出当前程序。

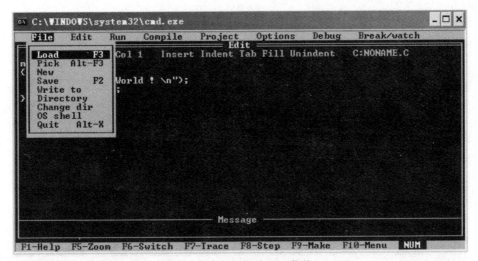

图 1-4　Turbo C 的 File 菜单

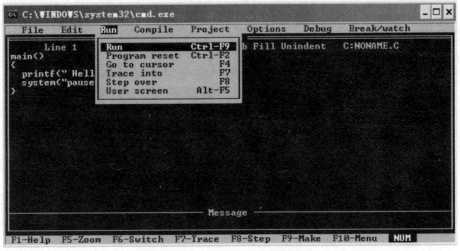

图 1-5　Turbo C 的 Run 菜单

当程序完成后,要对程序进行编译和执行。如图 1-5 所示,转到 Run 菜单里的 Run 命令,就可以实现这个目标。如果编译没有错误,要进入 User screen 查看程序结果是否正确。如不正确要重新检查代码并修改。

如果程序有错误,则会弹出类似图 1-6 的提示框。里边主要包含的信息有:代码行数;警告个数;错误个数。有警告并不一定会影响程序的正常执行和结果,可能只是和该平台或者系统内部一些定义不完全相符。但程序有错误则不能运行,必须加以纠正。可以看到图 1-6 中有 1 处错误。因为这个代码只在这个文件里有,因此两处错误都是 1。下边有一行加重颜色的文字:Errors:Press any key。意思是只要按键盘上任意键,就可以进入编辑环境进行修改。

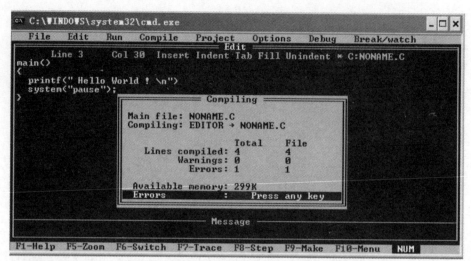

图 1-6　Turbo C 的编译出错

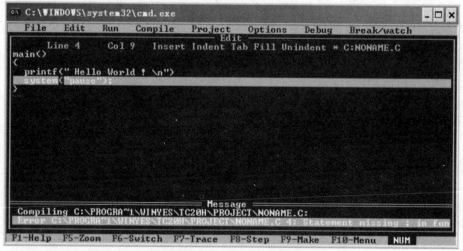

图 1-7　在 Turbo C 中查看错误

　　从图 1-7 可以看到,软件在代码中自动标示出来一处错误,用了加重的颜色。下边也对这个错误做了简单说明。这里有一点必须说明:系统认为某处有错误,并不一定代表这个地方真的有错误。可能错误是在它的上一行或者下一行,甚至只是和这句有关联的更远处代码。例如此处错误就在标示的上一行,原因是上一句最后未加分号。

1.4.2 Visual C++环境

　　Visual Studio 系列是微软公司开发的一套程序编写平台。Visual C++是其中一个重要的部分。我们以国家计算机等级考试仍在使用的编程环境 Visual C++6.0(以下简称VC 6.0)为例说明一下在该环境下,一个简单的 C 语言程序如何开发。

　　打开 VC 6.0,如图 1-8 所示,使用文件菜单里的新建命令可以新建一个 VC 6.0 工程。

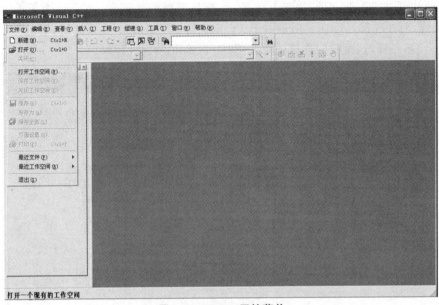

图 1-8　VC 6.0 开始菜单

一个工程里包含工作区文件(∗.dsw),项目文件(∗.dsp),源文件(∗.c),头文件(∗.h)等。这里我们以新建一个工程并完成一个简单的 C 语言程序源文件为例来进行说明。如果已经有存在的工程,则可以用打开菜单进行操作。

完成一个简单的 C 语言源文件,需要在工程页面里选择"Win32 Console Application",并自定义工程所在磁盘位置和工程名称。图 1-9 中是建立在 e:\test 目录下,工程名称为

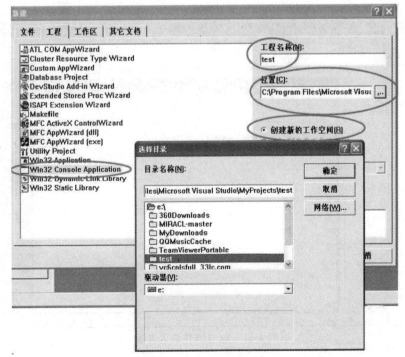

图 1-9　VC 6.0 新建工程

test。之后就可以进入下一步，如图 1-10 所示，选择工程框架类型。对于一个简单的 C 语言源文件来说，前 3 项都可以选。但是由于 VC 6.0 是基于 windows 系统的，里边有一些规则和 Turbo C 不一样，这里我们建议选第 3 项"一个 hello world 程序"。

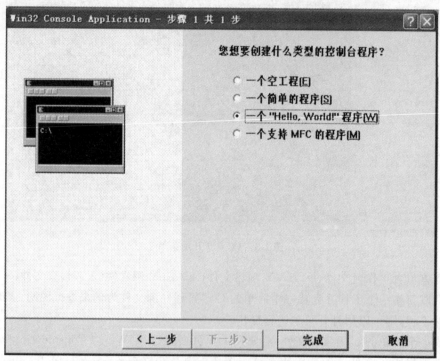

图 1-10   VC 6.0 继续完成控制台程序

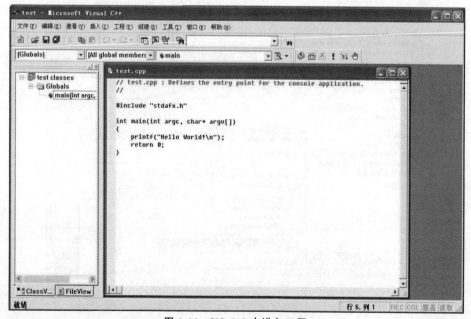

图 1-11   VC 6.0 中进入工程

从图 1-11 可以看到,窗口左侧出现了 test classes 的字样,并且右侧代码窗口左上角文件名为 test.cpp,后缀并不是.c。这是因为用 VC 6.0 创建的是 C＋＋工程,而不是一个纯粹的 C 代码项目。右侧代码窗口里开头有行代码包含头文件 stdafx.h。它是 VC 6.0 里的一个预处理文件,在该环境下必须保留这条语句。下边代码里 main()前边出现了一个 int,这个是返回值为整型,与大括号里"return 0;"这句对应。我们如果要写新的代码时,只需要去掉 printf 这条语句,然后添加自己的代码就可以了。

图 1-12 里展示了一段乘法表的代码及其结果。我们可以看到,这里的代码也和 1.4.1 节一样,采用了锯齿形写法。在程序完成时,点图 1-13 中所示的"组建"菜单里"组建"或者"执行"。代码就开始被编译并形成可执行文件。如果出现错误,则会提示错误。如果没有错误,则在执行时自动弹出命令行界面并显示当前结果。假如结果错误,则要用图 1-13 的调试命令来检查到底哪步出错了。

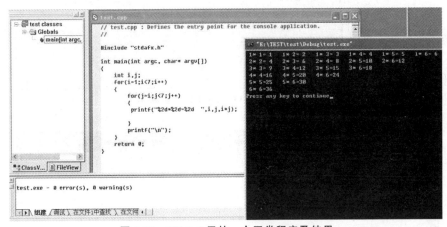

图 1-12　VC 6.0 里的一个正常程序及结果

如图 1-14 所示,在程序代码界面上,可以选取一条语句,点右键,并在出现的菜单里点"Insert/Remove Breakpoint",可以添加或者删除该句的断点。如果存在断点,该语句前边会出现一个黑点,如图 1-13 所示。

一般调试可以采取如下步骤,在图 1-13 里点击 go 命令后,程序代码左侧会出现一个黄色箭头,如图 1-15 所示,然后按 F10,箭头会逐句跟踪。代码下方会出现箭头所指的句子里所有的变量及其当前值,可以通过观察该值正确与否来看程序运行是不是有错误,进而修改代码。如果有结果出现的话,命令行窗口也会显示打印结果。另外,如果想持续观察某个变量,可以在图 1-16 所示名称列表中输入变量名,并从变量名右侧观察值的变化。限于篇幅,没有展开叙述。

当然如果用户觉得这个方法比较麻烦,可以采用如下办法:在想看某变量结果的地方加打印语句,这样就可以在命令行显示界面里直接看到用户想知道的中间结果。

如果程序有错,则可以和 Turbo C 一样查看错误。软件会在它认为有错的行前加一个小的蓝色箭头,并在下方提示框里对错误做简单说明。如图 1-17 所示。

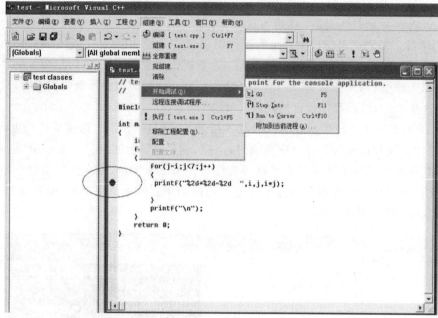

图 1-13　在 VC 6.0 里调试菜单

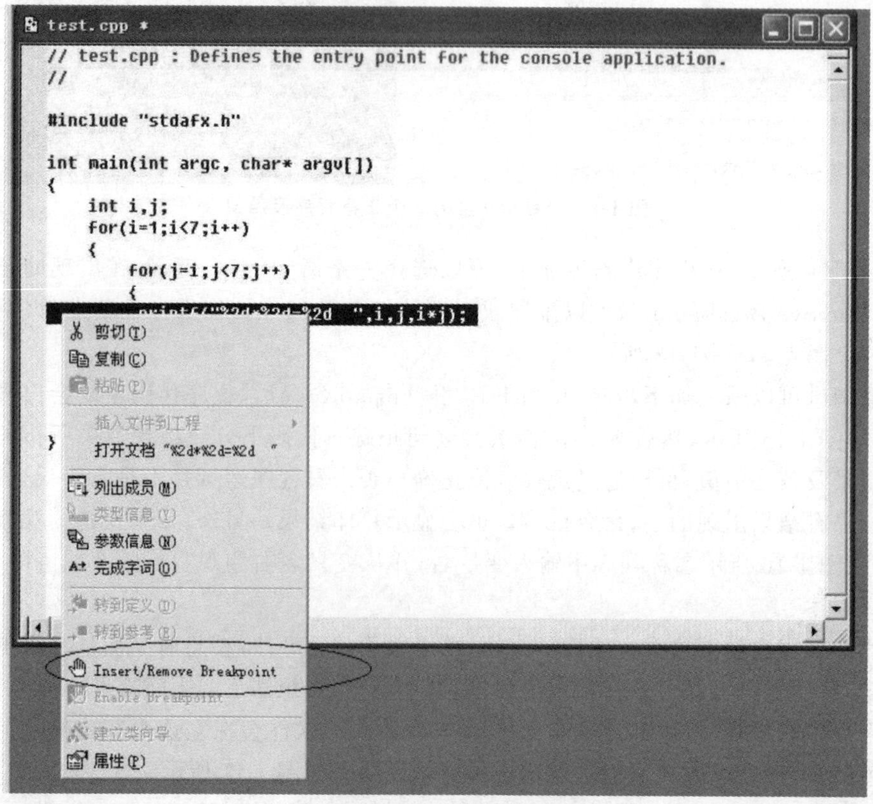

图 1-14　VC 6.0 中加入断点

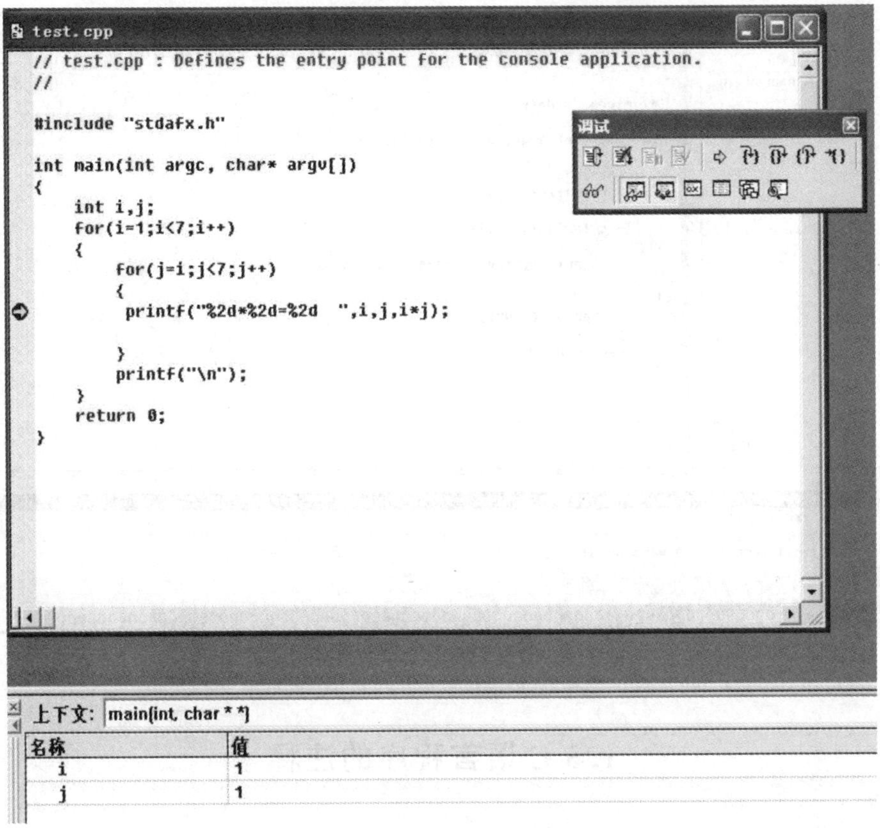

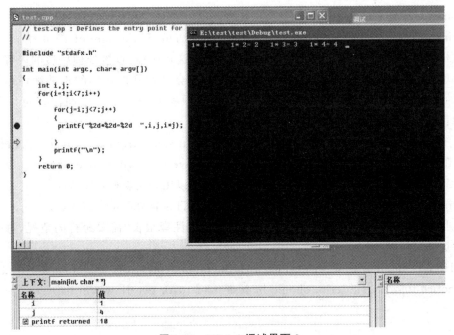

图 1-15　VC 6.0 调试界面 1

图 1-16　VC 6.0 调试界面 2

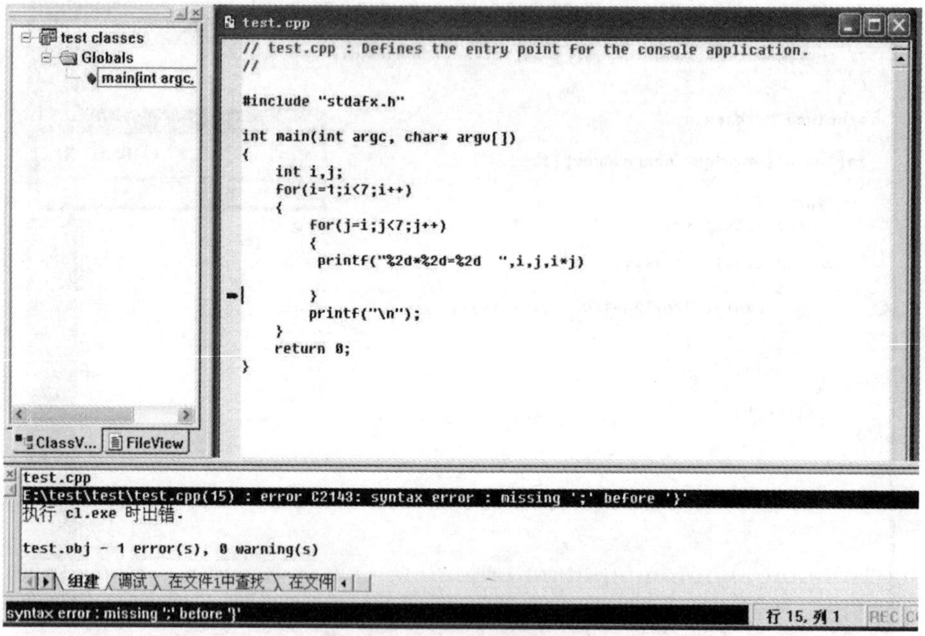

图 1-17　VC 6.0 查看错误

1.5 C 语言程序的注释

为了增强程序的可读性,我们强烈建议给代码段加上注释。针对以上两种平台,我们分别讲解一下注释如何添加。

Turbo C 中注释的标记是/* … */,即注释写在一对斜杠及其包含的星号中间。如:

printf("The sum of a and b is %d",sum);　/* This is the sum of a+b */

这样编译器就会跳过"This is the sum of a+b"这句注释,直接处理后边的内容。注释也可以单独写一行。它在程序文件的任何部位都不会影响其他代码的正常编译运行。另外,这种注释方式可以跨行。也就是说,只要有界限符号/* … */,中间注释可以写成多行。如:

/* Here is an algorithm for dealing with the input array,from a[0] to a[9]. And please notice that the subscript should be less than 10,or overflow will happen. */

VC 6.0 里,除了可以采用上面的注释符号,还可以用一对斜杠://。如:

printf("The sum of a and b is %d",sum);　//This is the sum of a+b

但是,这种注释有效范围只在当前行。如果出现注释很长、需要跨行的情况,每行注释前都要加一对斜杠。如:

//Here is an algorithm for dealing with the input array,from a[0] to a[9]. And please
//notice that the subscript should be less than 10,or overflow will happen.

小结

　　本章主要介绍了算法与程序的定义,算法如何描述;何为程序设计语言以及一般概念;C 程序的基本组成,包括标识符、关键字、模块化设计;简单的 C 语言代码上机操作和一些写程序要注意的细节问题。

 习题

　　1. 编写一个 C 语言程序,输出以下信息:

　　************************

　　This is a C program

　　************************

　　2. 编写一个 C 语言程序,给 a、b 两个整数输入值,要求输出两个整数之差。

　　3. 编写一个 C 语言程序,输入矩形长和宽的值,要求输出面积和周长。

第2章 基本程序设计语句

本章导读

程序设计的第一步是考虑对数据的存取和操作,在计算机中要对数据进行操作的前提是数据以某种形式存储,数据的类型很多,并且数据之间存在紧密的内在关系。在程序中如何表示这些不同类型,如何组织与存储这些概念中的数据并进行运用是本章要讨论的内容——即基本程序设计语句,包括了基本的数据类型,基本的系统函数以及相关的运算符。

主要知识点

1. 数的表示
2. 基本数据类型及取值范围
3. 标识符、变量和常量
4. 基本运算符、表达式及运算的优先级
5. 标准输入/输出函数简介
6. 程序范例的解决

本章任务

如何编程实现从键盘输入一个变量,求得一个表达式的值?

例如:编程实现从键盘输入 x,求下面表达式的值

$y = \text{Pi} * x + \sin x + 1.5x + e^x$　(其中 Pi 为 3.1415)

要解决上述的问题,需要用到的知识点有:标识符,变量,常量,运算符,表达式,数学函数,输入函数,输出函数。

2.1 数的表示

数据分为两大类,数值型数据和非数值型数据,在计算机中,数值型数据采用补码的形式进行存储,非数值型数据采用 ASCII 码值进行存储,所有的数据最终都以二进制的形式存储下来。那这些数在 C 语言程序设计中如何体现呢? C 语言提供丰富的数据类型,不仅能表达并处理基本的数据(如整数、实数、字符等),还可以组织成复杂的数据结构(如链表、树等)。

C 语言提供的数据类型分类如图 2-1 所示:

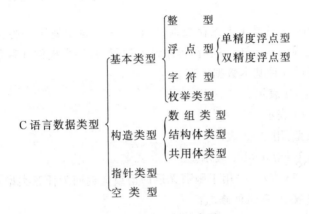

图 2-1   C 语言数据类型

2.1.1 整型数的二进制表示

整型数分为有符号的和无符号的两种。

(1)有符号的整型数的正负号由字节的最高位来表示:0 表示正数,1 表示负数。整型数占用的字节数可为 8 位、16 位或者 32 位。

(2)无符号的整型数全部的字节数都用来表示数据。整型数的取值范围如表 2-1 所示:

表 2-1   整型数的取值范围

字节数	有符号		无符号	
	最小值	最大值	最小值	最大值
1	−128	+127	0	255
2	−32 768	+32 767	0	65 535
4	−2 147 483 648	+2 147 483 647	0	4 294 967 295

2.1.2 浮点数的二进制表示

浮点数分成单精度浮点数和双精度浮点数;单精度浮点数占 32 位(4 个字节),双精度浮点数占 64 位(8 个字节)。浮点型数据的一般表达式:

$$(-1)^{S} \times 2^{e} \times m$$

其中 e 是实际的阶码值,代表浮点数的取值范围;m 是尾数,代表浮点数的精度,S 代表符号位。

2.2 基本数据类型及取值范围

程序设计过程中,变量是用来保存数据的,每一个变量都属于一种数据类型,不同数据类型的变量,取值范围也不一样,一般在程序设计过程中,都会提供几种基本的数据类型,以满足要求,C 语言提供 5 种基本数据类型。

(1)字符型:用 char 表示。

(2)整数型:用 int 表示。

(3)单精度实数型:用 float 表示。

(4)双精度实数型:用 double 表示。

(5)空类型:用 void 表示。(用于函数无返回值或者返回为任意类型的指针)

其中,对于对整数型,有四种修饰:

①signed(有符号)

②unsigned(无符号)

③long(长型)

④short(短型)

short 型和 long 型用于整型和字符型,其中 long 型还可以用于双精度型。short 型不常用,对于不同机器的 CPU 类型和编译器,取值范围不同,这里不再介绍。long int(简写为 long)型的存储长度为 4 个字节,取值范围为 $-2^{31} \sim 2^{31}-1$,用于存储整数超过 int 型取值范围的情况。long double 型存储长度 16 个字节,约 24 位有效数字,取值范围超过 double 型。

有符号型 signed 和无符号型 unsigned 适用于 char 型、int 型和 long 型三种类型,区别在于它们的最高位是否作为符号位。unsigned char 型取值范围为 $0 \sim 255$(即 $0 \sim 2^{8}-1$),unsigned int(简写为 unsigned)型取值范围为 $0 \sim 65535$(即 $0 \sim 2^{16}-1$),unsigned long 型取值范围为 $0 \sim 2^{32}-1$。

数据类型决定了数据的大小、数据可执行的操作以及数据的取值范围。数据类型的长度取值范围会随着机器的 CPU 类型和编译器的不同而不同,对于大多数的计算机,整型数的长度和 CPU 的字节相等,一个字节是由 8 个位组成的,假如机器的 CPU 为 16 位,那么整型数的最大程度只能为 2 个字节;假如机器的 CPU 为 32 位,那么整型数的最大程度只能为 4 个字节。

表 2-2　五种常见的 C 编译器对六种基本数据类型定义的字节长度

数据类型＼实现环境	字节长度				
	Turbo C	Borland C++	Visual C++	Dev C++	GCC
char(字符型)	1	1	1	1	1
short int(短整型)	2	2	2	2	2
int(整型)	2	2	4	4	4
long int(长整型)	4	4	4	4	4
float(单精度浮点型)	4	4	4	4	4
double(双精度浮点型)	8	8	8	8	8

2.3 标识符、变量和常量

所有的数据,在进行处理时都需要先存放进计算机的内存中,所以了解不同的数据在计算机中的存储形式是很重要的。C 语言中数据有常量与变量之分,它们分别属于前面提到的类型。

2.3.1 标识符

在 C 语言中,标识符是对变量名、函数名、标号和其他各种用户定义的对象命名。用户定义的标识符须遵循如下规则:

(1)标识符只能由字母、数字和下划线三种字符组成,第一个字符必须是字母(不分大小写)或下划线(_);标识符的长度不超过 32 个字符。

(2)后跟字母(不分大小写)、下划线(_)或数字组成。

(3)标识符中的大小写字母有区别。如,变量 sum,Sum,SUM 代表三个不同的变量。

(4)不能与 C 编译系统已经预定义的、具有特殊用途的保留标识符(即关键字)同名。比如,不能将标识符命名为 float,auto,break,case,this,try,for,while,int,char,short,unsigned,等等;

例如:

score、number12、student_name 等均为正确的标识符。

下面的字符序列为不合法的 C 语言标识符:

2L——违反了标识符第一个字符必须为字母或下划线的规定。

a**——违反了标识符只能由字母、数字和下划线三种字符组成的规定。

int——违反了 C 语言的关键字和库函数名不能作为标识符的规定。

2.3.2 变量

1. 变量的定义

其值可以改变的量称为变量。变量的两个要素:标识符(名字)和值。

C 语言规定:变量必须先定义后使用。变量定义的一般形式是:

＜类型名＞＜变量列表＞;

注意:

(1)＜类型名＞必须是有效的 C 语言数据类型,如:int、float 等,类型名规定了变量的存储空间和取值范围。

(2)＜变量列表＞可以由一个或多个由逗号分隔的标识符名构成。如:

int i,j,x,y;

unsigned int max,min;

float high,price;

double t,wieght;

【思考】上面各种变量的类型和它们的取值范围。

(3)C 语言中大小写是敏感的。但是习惯上,C 中的变量一般用小写字母表示。变量的数据类型决定了它的存储类型,即该变量占用的存储空间。所以定义变量类型,就是为了给该变量分配存储空间,以便存放数据。

2. 变量的初始化

变量在定义的同时也可以赋初值,称作变量的初始化。在定义变量的同时对变量预先设置初值。赋值操作通过赋值符号"＝"把右边的值赋给左边的变量:

变量名＝表达式;

例如 x＝3;a＝a＋1;f＝3 * 4＋2;

例如,执行语句:

int num＝3;

float pi＝3.14;

char c1＝'A';

变量 num、pi、c1 的初值分别为 3、3.14 和字符 A。

其中需要注意的是:数学中的"＝"符号不同于 C 语言中的赋值符号"＝"。如果赋值时两侧类型不一致时,系统将会作如下处理:

(1)将实数赋给一个整型变量时,系统自动舍弃小数部分。

(2)将整数赋给一个浮点型变量时,系统将保持数值不变并且以浮点小数形式存储到变量中。

(3)当字符型数据赋给一个整型变量时,不同的系统实现的情况不同,一般当该字符的 ASCII 值小于 127 时,系统将整型变量的高字节置 0、低字节存放该字符的 ASCII 值。字符型变量的值可以是字符型数据、介于 －128～127 的整数或者转义字符(请见后面转义字符部分)。

各类数值型数据间的混合运算,当各种不同类型的数据混合运算时,其运算结果的类型由下图 2-2 所示的类型转换原则确定。

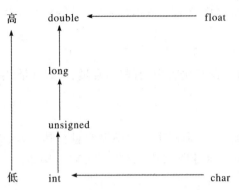

图 2-2 不同类型数据混合运算的转换原则

图中横向向左的箭头表示必定的转换，如字符数据必定先转换为整数，short 型转为 int 型，float 型数据在运算时一律转换成双精度型，以提高运算精度（即使是两个 float 型数据相加，也是先化成 double 型，然后再相加）。

纵向的箭头表示当运算对象为不同类型时转换的方向。例如 int 型与 double 型数据进行运算，先将 int 型的数据转换成 double 型，然后两个同类型（double 型）数据再进行运算，结果为 double 型。注意箭头方向只表示数据类型级别的高低，由低向高转换，不要理解为 int 型先转成 unsigned 型，再转成 long 型，再转成 double 型。如果一个 int 型数据与一个 double 型数据运算，是直接将 int 型转成 double 型。

【例 2-1】 用字符变量与整型变量输出字母"a"和"b"的字符和 ASCII 码，并进行不同类型的混合运算。

程序代码如下：

```c
#include <stdio.h>
void main()
{
    char a,b;
    int n1,n2;
    n1='a';
    n2='b';
    a=97;
    b=98;
    printf("%c,%d,%c,%d\n",n1,n1,n2,n2);
    printf("%c,%d,%c,%d\n",a,a,b,b);
    printf("%d,%c",a+n1,a+n1);
}
```

程序运行情况如下：

a,97,b,98

a,97,b,98

194,?

其中运行结果为"?"表示该 ASCII 码值无对应字符,对于标准 ASCII 码范围是 0~127。

2.3.3 常量

常量的值是不可变的。在 C 语言中,有整型常量、实型常量、字符常量、字符串常量和枚举常量等。

1. 整型常量

可采用十进制、八进制、十六进制来表示整型常量。其中,八进制数的前面用数字 0 开头,十六进制数前面用数字 0 和字母 X 开头(0x 或 0X)。例如:

12:十进制数 12

012:八进制数 12(等于十进制数 10,用前导符 0 表示八进制数常量)

0x12:十六进制数 12(等于十进制数 18,用前导符 0X 或 0x 表示十六进制数常量)

2. 实型常量

实型常量的两种表示法:浮点计数法和科学计数法。例如:

231.46   7.36E−7   4.58E5   −0.0945

对太大或太小的数,通常是采用科学计数法。

如上面的 7.36E−7、4.58E5,如用 $a \times 10$ 的 n 次幂的形式,其中 $1 \leqslant |a| < 10$,n 表示整数,a 不可省略。

3. 字符常量

字符常量是由一对单引号括起来的单个字符。如:'A'、'S'、'9'、'$'等均为字符常量。其中单引号只起定界作用,并不代表字符。而单引号(')和反斜杠(\)本身作为字符时要通过转义字符(\)。如:'\''和'\\'分别代表单个字符单引号(')和反斜杠(\)。在 C 语言中,字符是按其所对应的 ASCII 的值来存储的,一个字符占一个字节。注意:数字 3 和字符'3'的区别,此外,字符也可以参与运算:

'A'+6;运算结果为 71,对应的字符为 H。

'8'−7;运算结果为 49,对应的字符为 1。

'y'−32;运算结果为 89,对应的字符为 Y。

4. 字符串常量

字符串常量是指用一对双引号括起来的一串字符。如:"world","TRUE or FLASE","8765431.0037","T"均为字符串常量。

注:双引号(")和反斜杠(\)本身作为字符串时要通过转义字符(\)。如:"\""和"\\"分别代表字符串(")和反斜杠(\)。

注意字符常量与字符串常量的区别:在 C 语言中,字符串常量在内存中存储时,系统自动在字符串的末尾加一个"串结束标志":\0,该结束标志的 ASCII 码值为 0,字符为空 NULL。因此,长度为 n 个字符的字符串常量,在内存中占有 n+1 个字节的存储空间。

5. 转义字符

转义字符用反斜杠\后面跟一个字符或一个八进制或十六进制数表示。如:\a,\0,\n 等。代表 ASCII 字符中不可打印的控制字符和特定功能的字符。表示特殊字符,如:单引号

(')、双引号(")和反斜杠(\)等。转义字符中的字母只能是小写字母,每个转义字符只能看作一个字符。

表 2-3 常用转义字符表

转义字符	功能
\n	回车换行符,光标移到下一行行首
\r	回车不换行,光标移到本行行首
\t	横向跳格(8 位为一格,光标跳到下一格起始位置,如第 9 或 17 位等)
\b	退一格,光标往左移动一格
\f	走纸换页
\	用于输出反斜杠字符"\"
\'	用于输出单引号字符"'"
\"	用于输出双引号字符"""
\ddd	三位八进制数 ddd 对应的 ASCII 码字符
\xhh	两位十六进制数 hh 对应的 ASCII 码字符

【例 2-2】 了解转义字符作用。

```
#include <stdio.h>
void main()
{
  printf("ab\tcd\n");
  printf("12345678\012student\x42\n");
}
```

6. 符号常量

将程序中的常量定义为一个标识符,称为符号常量。符号常量在使用前必须先定义,定义的形式是:

#define <符号常量名><常量>

在程序的执行过程中不允许改变符号常量的值。

【例 2-3】 符号常量的使用。

```
#define PRICE 30
void main()
{
  int num,total;
  num=10;
  total=num * PRICE;
  printf("total=%d",total);
}
```

2.4 基本运算符、表达式及运算的优先级

2.4.1 算术运算符及算术表达式

算术运算符主要用于完成变量的算术运算。如：加、减、乘、除等。各运算符及其作用如下：

表 2-4 运算符的作用

运算符	优先级	作用
++	高(14)	自增1(变量的值加1)
——		自减1(变量的值减1)
+	低(12)	加法
—		减法
*	中(13)	乘法
/		除法
%		模运算(整数相除,结果取余数)

注:此处规定优先级的数字越大,优先级越高。具体见附表(C语言运算符优先级详表)

1. 操作符"/"的两种含义:

(1)整数除法(整除):当被除数和除数都是整型数据时,"/"运算的结果为整型。例如:5/2的值为2(而不是2.5)。

(2)实数除法:当被除数和除数中至少有一个是实数型数据时,"/"运算的结果为实数型。例如:5.0/2的值为2.5。

2. 前置++/——和后置++/——的作用

(1)前置++或前置——表达式:

++<变量>;   //执行流程:先将值加1,再使用变量。

——<变量>;   //执行流程:先将变量的值减1,再使用变量。

(2)后置++或后置——表达式:

<变量>++;   //执行流程:先使用变量,再将变量的值加1。

<变量>——;   //执行流程:先使用变量,再将变量的值减1。

(3)优先级:在算术运算符里面,++和——属于单目运算符,优先级是最高的;++和——只能用于变量,不能用于常量和表达式;

(4)使用:++或——在使用时,无论前置后置,都必须紧跟单个变量,不可和常量或表达式一起使用,例如:++5是非法的,(a+b)++也是非法的。

上述"使用"指的是i加1或减1前后的其他操作,如赋值、运算、显示等。若不存在其他操作,则i++与++i一样,执行i+=1,使i的值加1;i——与——i一样,执行i-=1,使i

的值减 1。

【例 2-4】 自加、自减运算符的应用。

```
#include <stdio.h>
void main()
{
    int i=10,j;
    float pi=3.14,pa;
    j=i++;
    pa=++pi;
    printf("j=%d,pa=%f\n",j,pa);
    printf("i=%d,pi=%f\n",i++,--pi);
}
```

3. 算术表达式

用算术运算符和括号将运算对象连接起来、并符合 C 语言语法规则的式子，称为算术运算表达式或算术表达式。如：设 r、x、y 是已经定义的数值型变量，则：3.14 * r * r、x+2 * y −3/z、(x−y) * (x−y/2)均是合法的算术运算表达式，单独的 r、x、y 也是合法的算术运算表达式。实际上，单独的常量或变量是最简单的算术运算表达式。

注意：算术运算表达式中的分数线须用/表示。

例如：$\dfrac{2+3\times i}{k\times j}$ 表示为 C 语言表达式就是：

(2+3 * i)/(k * j)或(2+3 * i)/k/j。

C 语言中，称表达式的运算结果为表达式的值。C 语言规定，在表达式求值时，须按运算符优先级的高低次序执行。对算术运算而言，必须遵循先括号内后括号外，先乘、除及求余运算，后加减的运算优先级规则。

C 语言规定了运算符两种不同的结合方向：

(1)左结合：当参与运算的数据两侧的运算符优先级相同时，运算顺序为自左至右。C 语言规定算术运算符遵循左结合的规则。例如，计算算术运算表达式 a+b−c 时，运算符"+"和"−"具有相同的优先级，所以先执行 a+b，其结果再和 c 相减。

(2)右结合：当参与运算的数据两侧的运算符优先级相同时，运算顺序为自右向左。C 语言提供的运算符中有少量运算符遵循右结合的规则，如赋值运算符(详见 P36)。

2.4.2 关系运算符及关系表达式

关系运算符的作用：用于条件判断的表达。关系运算符及其含义和优先级如下：

表 2-5　关系运算符的作用

关系运算符	含义	优先级
<	小于	高(10)
>	大于	
==	等于	低(9)
!=	不等于	
<=	小于等于	高(10)
>=	大于等于	

2.4.3 赋值运算符及赋值运算表达式

1. 赋值运算符

赋值符号"＝"就是赋值运算符,它的作用是将一个数据赋给一个变量。例如:执行程序段:

int a;

a＝3;

a＝a－5;

当执行语句"a＝3;"就完成一次赋值运算,把赋值运算符右边的值 3 赋给赋值运算符左边的变量 a,赋值后,a 的值为 3。再执行语句"a＝a－5;",赋值运算符右边的表达式 a－5 的运算结果为－2,将－2 赋给 a。最后,变量 a 的值变为－2。

在赋值运算符"＝"前加上算术运算符或位运算符可以构成复合赋值运算符,如＋＝、－＝、＊＝、/＝、％＝都是复合的赋值运算符。

2. 赋值运算表达式

将一个变量通过赋值运算符或复合的赋值运算符与一个表达式连接而成的式子称为赋值运算表达式。赋值运算表达式的格式为:

变量名＝表达式

或

变量名　复合的赋值运算符　表达式

例如:x＝1.414,m1＝'E',s＝3.14159＊r＊r 或 a＋＝5,x/＝a＋1

上述各例都是合法的赋值运算表达式。

赋值运算表达式的作用是把赋值运算符右边表达式的值赋给赋值运算符左边的变量。当算术运算符和赋值运算符同时出现在一个表达式中时,算术运算符的优先级高于赋值运算符。

C 语言允许赋值运算表达式中的表达式部分还是一个赋值表达式,这样就构成了多重赋值。多重赋值表达式中,赋值运算符遵循右结合的法则,即:自右向左的运算顺序。

例如:多重赋值语句 a＝b＝c＝x＋8;

在执行时等价于依次执行三个语句:

c＝x＋8；

b＝c；

a＝b；

将一个变量通过复合的赋值运算符与一个表达式连接而成的式子同样称为赋值运算表达式。

例如：a＋＝5，x/＝a＋1。

下面的例子说明了复合的赋值运算符的运算规则。

表达式 a＋＝5 等价于 a＝a＋5。

表达式 a＊＝4－b 等价于 a＝a＊(4－b)。

表达式 a％＝b－1 等价于 a＝a％(b－1)。

注意：复合的赋值运算符右边的表达式是作为一个整体参与其左边算术运算符所规定的运算的。赋值运算表达式举例：

(1)y＝3＊(x－1)；　　　　　　/＊ 将 3＊(x－1)的结果赋值给变量 y。＊/

(2)a＝(b＝4)＋(c＝6)；

/＊ 这里的赋值运算表达式(b＝4)、(c＝6)参与算术运算，C 语言规定，将赋值运算符右边表达式的值作为赋值运算表达式的值。所以，赋值运算表达式(b＝4)的值为 4，(c＝6)的值为 6，最后将它们的和赋值给变量 a，由于算术运算符的优先级高于赋值运算符，所以表达式中的括号是必需的。＊/

2.4.4 逻辑运算符及逻辑表达式

逻辑运算符的作用：用于判断条件中的逻辑关系。逻辑运算符及其含义和优先级如下：

表 2-6　逻辑运算符的作用

逻辑运算符	含　义	优先级
！	逻辑非	高(14)
&&	逻辑与	中(5)
‖	逻辑或	低(4)

逻辑表达式的结果：

(1)真(值为 1)

(2)假(值为 0)。

注：非零值均为真。

1.(表达式 1)‖(表达式 2)

语法规则：若(表达式 1)的值为真，则(表达式 1)‖(表达式 2)的结果就为真。特点：系统对(表达式 2)不会进行计算，但会检查其语法错误。结论：与(表达式 2)的结果无关。

例如：

int a＝4,b＝8,c；

c＝(a＜b)‖(＋＋a)；

```
printf("c=%d,a=%d\n",c,a);
```
程序运行结果为:c=1,a=4。

2.(表达式1)&&(表达式2)

语法规则:若(表达式1)的值为假,则(表达式1)&&(表达式2)的结果就为假。特点:系统对(表达式2)不会进行计算,但会检查其语法错误。结论:与(表达式2)的结果无关。

例如:
```
int a=4,b=8,c;
c=(a>b)&&(++a);
printf("c=%d,a=%d\n",c,a);
```
程序运行结果为:c=0,a=4。

【例2-5】 阅读下面的程序,分析复杂逻辑表达式运算的语法规则。
```
#include<stdio. h>
void main()
{
    int a=4,b=8,c=5;
    int d1,d2,d3,d4;
    d1=(a<b)||(++a==5)||(c>b--);          /* 表达式(1) */
    printf("d1=%d,a=%d,b=%d,c=%d\n",d1,a,b,c);
    d2=(a>b)&&(++a==5)||(c>b--);       /* 表达式(2) */
    printf("d2=%d,a=%d,b=%d,c=%d\n",d2,a,b,c);
    d3=(a<b)||(++a==5)&&(c>b--);       /* 表达式(3) */
    printf("d3=%d,a=%d,b=%d,c=%d\n",d3,a,b,c);
    d4=(a>b)&&(++a==5)&&(c>b--); /* 表达式(4) */
    printf("d4=%d,a=%d,b=%d,c=%d\n",d4,a,b,c);
}
```

2.4.5 位运算符

1. 位运算

作用:直接对变量的二进制按位进行操作。

注意:位运算只适合于整型和字符型变量。

位运算以字节(byte)中的每一个二进位(bit)为运算对象,最终的运算结果是整型数据。位运算分为按位逻辑运算和移位运算。

按位逻辑运算符包括:

(1)按位逻辑与运算符:"&";

(2)按位逻辑或运算符:"|";

(3)按位逻辑非运算符:"~";

(4)按位逻辑异或运算符:"^"。

运算法则:设用 x、y 表示字节中的二进制位,取值为 0 或 1。按位逻辑运算符的运算法则为：

(1)按位逻辑与运算：

x&y 的结果为 1，当且仅当 x、y 均为 1，否则 x&y 的结果为 0。

(2)按位逻辑或运算：

x|y 的结果为 0，当且仅当 x、y 均为 0，否则 x|y 的结果为 1。

(3)按位逻辑异或运算：

x^y 的结果为 1，当且仅当 x、y 的值不相同，否则 x^y 的结果为 0。

(4)按位逻辑非运算：

当 x=1 时，～x=0，而当 x=0 时，～x=1。

位运算表达式的格式：

整型变量名　运算符(&、|、^)　整型变量名

或

～整型变量名

【例 2-6】　位运算符的应用。

设有：int a=55,b=36;计算：a&b、a|b、a^b 及～a 的结果。

假定每个整型变量占两个字节(16bit)，则在内存中的二进制数 a、b 为：

a:00000000 00110111　　　　　　b:00000000 00100100

按上述按位运算的法则，列出下述算式：

```
a&b:                         a|b:
      00000000 00110111          00000000 00110111
 &    00000000 00100100      |00000000 00100100
      00000000 00100100          00000000 00110111

a^b:
      00000000 00110111          00000000 00100100
 ^ 00000000 00100100         ～a:11111111 11001000
    00000000 00010011
```

结果：a&b=24，a|b=37

a^b=13，～a=ffc8(用十六进制表示)

位运算符及其含义和优先级如下：

表 2-7　位运算符的作用

位运算符	含义	优先级
～	按位取反	高(14)
&	位与	低(8)
^	位异或	低(7)
		位或	低(6)
<<	位左移	中(11)
>>	位右移	

2. 移位运算符

C语言提供的移位运算实现将整数数据按二进位右移或左移的功能。

(1)向右移位运算符："＞＞"，

(2)向左移位运算符："＜＜"。

移位运算表达式的格式：

整型变量名　移位运算符　整型常量

其中，整型常量指出右移或左移的位数。

【例2-7】 "x＜＜2"表示将x中各位左移2位，如果字符x的值为十六进制数为85，左移2位后得14，左移后移出的两位丢失，右边空出来的位置补零。运算情况如下：

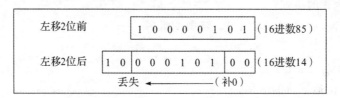

总结：

(1)左移1位相当于原操作数乘以2；

(2)左移n位相当于原操作数乘以2n。

与左移相反，右移运算符"＞＞"的作用是，使一个数的各个位全部右移若干位，右移出去的位丢失，左端补入的数值将视情况而定。这点与左移是不太相同的，要区分不同情况。

(1)对无符号int型或char型数据来说，右移时左端补零。这种移位方法称为"逻辑右移"。例如：

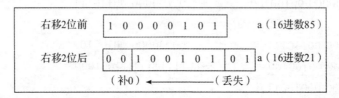

(2)对带符号的int和char类型数据右移，如果符号位为0(即正数)，则左边也是补入0，如果符号位为1(即负数)，则左边补入的全是1，这是为了保存该数原来的符号并实现右移一位相当于除2。这种补入符号位以保持符号不变的方法称为"算术右移"。

总结：

(1)无符号数右移没有特别的地方，就是左边补入0，右边舍弃掉移动的数即可。

(2)有符号数右移分正负：正数为逻辑右移，m＞＞n相当于 $m/2^n$；负数为算术右移，m＞＞n相当于$(m/2^n)+1$，即每右移1位，相当于原操作数除以2再加1。实际操作时注意不要移出有效范围即可。

2.4.6 条件运算符及条件表达式

条件运算符由"?"和":"组成。条件表达式的一般形式：

表达式1?　表达式2:表达式3；

条件表达式的语法规则：

当表达式 1 的值为 1（真）时，其结果为表达式 2 的值；

当表达式 1 的值为 0（假）时，其结果为表达式 3 的值。

注意：表达式 1 通常是关系表达式或逻辑表达式，也可以是其他表达式。条件运算符又称为三目运算符，"三目"指的是操作数的个数有 3 个。

【例 2-8】 了解三目运算符的语法规则。

```
#include <stdio.h>
#include <stdlib.h>
main()
{
    int a=3,b=5,c;
    c=(a>b)? (a+b):(a-b);
    printf("The max value of a and b is：%d\n",c);
    a=6;
    b=2;
    c=(a>b)? (a-b):(a+b);
    printf("The max value of a and b is：%d\n",c);
}
```

2.4.7 逗号运算符及逗号表达式

C 语言通过逗号运算符"，"将两个以上的表达式连接起来，组成逗号表达式。逗号表达式的一般格式：

表达式 1，表达式 2，…，表达式 k

逗号表达式的运算：依次求表达式 1，表达式 2，…，表达式 k 的值，并以最后一个表达式 k 的值作为整个逗号表达式的值。

例如，语句：x=(a=3,6*3)；

等价于：

a=3;

x=6*3;

x=6*3;

注意：

（1）逗号表达式可以扩充到具有 n 个表达式的情况：表达式 1，表达式 2，…，表达式 n；整个逗号表达式的结果为表达式 n 的值。

（2）通常是用逗号表达式来分别求逗号表达式内各表达式的值，并不是为了求整个逗号表达式的值。

（3）变量定义中出现的逗号和在函数参数表中出现的逗号不构成逗号表达式。

（4）逗号表达式有可能降低程序的可读性，请谨慎使用。

2.4.8 数据类型的转换

C 语言允许表达式中混合有不同类型的常量和变量。

系统自动转换容易出现意外结果。

假设有：

float s,a=5.7;int t=1,b;

s=a+t;

b=a+t;

结果为：s=6.7,b=6。

原因：数据类型不一致,有可能产生数据丢失。应避免出现数据类型不一致的表达式。

1. 强制转换数据类型

强制转换表达式：

(数据类型符)表达式;

或

(数据类型符)变量;

强制转换语法规则：将表达式或变量的值临时转换成圆括号内指定的数据类型。但不改变变量原来的数据类型。

【例 2-9】 强制类型转换运算符的使用。

```
void main()
{
    float x=3.6,y=6.6;
    printf("x+y=%f\n",x+y);
    printf("x+y=%f\n",(int)x+(int)y);
}
```

2.5 标准输入/输出函数简介

C 语言中没有输入、输出语句,通过调用库函数中的输入、输出函数 printf()、scanf()、getchar()和 putchar()实现输入、输出。(C 语言提供的库函数可见附表)

在使用输入、输出函数时,应当在源程序的开始处使用♯include<stdio.h>命令将输入、输出函数的头文件包含进来,以便在编译时实现连接。

2.5.1 格式化输出函数 printf()

功能：从指定的输出设备输出数据,默认的输出设备为显示器。

使用格式：

printf("控制字符串",输出项列表);

<输出项列表>可以是常量、变量、表达式。当有多个输出项时,各项之间用逗号分隔。
<输出项列表>中的个数、类型必须与<"控制字符串">中格式字符的个数、类型相一致。

<"控制字符串">必须用双引号将<控制字符串>括起,可由格式说明和普通字符两部分组成。

格式说明的一般格式为:

%[<修饰符>]<格式字符>

格式字符规定了对应输出项的输出格式。

注意:在格式字符前面,还可用字母 l 和 h(大小写均可)来说明是用 long 型或 short 型格式输出数据。如:%d,%c,%f,%lf,%s 等均为正确的输出格式说明。

修饰符是可选的,用于确定数据输出的宽度、精度、小数位数、对齐方式等。若缺省修饰符,按系统默认设定输出。

修饰符的主要类型:

(1)字段宽度修饰符精度描述符 m.n

用数字修饰输出字符占用的宽度,如:%3d,%4c,%5.2f,%8Lf,%6s 等均为正确的输出格式说明。

在"%"与格式字符之间插入一个整数常量来指定输出的宽度(如%md 格式)。输出时,将该指定宽度与格式字符规定的输出宽度进行比较,按较大的宽度输出。如果指定的输出宽度不够,则按格式字符规定的数据宽度输出;如果指定的输出宽度较大,默认情况下数据右对齐,左边补以空格。

对于 float 或 double 类型的实数,可以用 m.n 的形式在指定宽度的同时指定小数位的位数。其中,m 指域宽,即输出数据的总宽度。n 指精度,对于实数,表示输出 n 位小数(不指定 n 时,隐含的精度为 n=6 位)。输出时,按以下步骤进行:

①控制输出精度。当输出数据的小数位大于 n 指定的宽度时,截去右边多余的小数,并对截去的第一位小数做四舍五入处理;当输出数据的小数位小于 n 指定的宽度时,在小数的右边添 0。

②将控制输出精度后的数据的宽度与 m 进行比较,按较大的宽度输出。

一般系统对 float 型数据只能提供 6 或 7 位有效数字,对 double 型提供 15 或 16 位有效数字。所以增加域宽与输入精度并不能提高输出数据的实际精度。

(2)对齐方式修饰符

默认输出方式为右对齐方式。在%后面加上一个负号"−",可使数据的输出方式改为左对齐的方式。

如:%−3d,%−4c,%−5.2f,%−8Lf,%−6s 等均为正确的输出格式说明。

注:若想输出%,则用%%或者\%。

2. 普通字符

普通字符包括可打印字符和转义字符。

(1)可打印字符按原样显示在屏幕上,起说明作用。

(2)转义字符是一些不可显示的控制字符,用于产生特殊的输出效果。具体见 P33。

如:"s=%4d\t%7.4f\n\t%lu\n"为正确的输出格式。

如:

int a=123;float b=1345.34;long unsigned int c=10877;

```
printf("a=%4d,\tb=%7.4f\nc=%lu\n",a,b,c);
```

【例 2-10】 转义字符的应用。

```
main()
{
    printf("Chinese\tEnglish\n");
    printf("\"Welcome,friends!\"\n");
    printf("\101,\x41\n");
}
```

2.5.2 格式化输入函数 scanf()

函数 scanf() 的一般形式为：

> scanf("控制字符串",输入项列表);

函数 scanf() 的作用:按控制字符串指定的格式,从键盘输入数据,并将输入的值赋给输入项列表相对应的变量。

注意:

(1)<"控制字符串">规定了数据的类型,其内容也可由格式说明和普通字符(在输入过程中按照原样输入)两部分组成。(注:不提倡加普通字符,若加入普通字符,输入过程必须原样输入)

(2)<输入项列表>则由一个或多个变量地址组成,各变量地址之间用逗号","分隔。

如有:int a,b;则 &a,&b 就可以是一个<输入项列表>。

格式说明的个数应该与输入项的个数相同。格式说明的个数少于输入项个数时,scanf 函数结束输入,多余的输入项并没有从终端接收新的数据;若格式说明的个数多于输入项个数时,scanf 函数将等待所有格式说明项都接收到数据后才结束。例如:

```
scanf("%d%d",&a,&b,&c);
```

执行并输入:

1 2 3(回车)

则 a 为 1,b 为 2,而 c 未接到数据,仍保留原值。

又如:scanf("%d%d%d",&a,&b);

用户必须输入 3 个整数,scanf 函数才结束,同时把前两个整数分别赋值给变量 a 和 b。

输入数据过程中,如果是数值型用空格、enter、tab 隔开,如果是字符型则直接输入。

输入数据时,可用空格符、表格符(tab)和换行符(enter)作为每个变量输入完毕的标志。以换行符(回车)作为数据输入的结束。

1. 格式说明

格式说明规定了输入项中各变量的数据类型。格式说明的一般形式:

%[<修饰符>]<格式字符>

注意:格式字符的表示方法与 printf() 中的相同,修饰符是可选的,主要有下面几种:

(1)字段宽度

字段宽度用数字表示,其作用是限定输入的字符宽度。

如：scanf("%3d",&a)；

则变量 a 的宽度只占 3 个字符，有效值范围为：-99～999。若超过宽度，系统会截断，只取前 3 位。

假如有：

int a,b；

scanf("%d%3d",&a,&b)；

printf("a=%d\tb=%d\n",a,b)；

若输入为：1234␣12345↙

则系统会将 1234 赋给变量 a，将 12345 的前 3 位的值 123 赋给变量 b。

输出结果为：a=1234␣␣b=123

(2)l 和 h

字母(L,l)和(H,h)分别表示输入数据类型的长短。

(L,l)可表示长整型、双精度浮点型。

(H,h)可表示短整型数。

如：scanf("%10ld%hd%lf",&a,&b,&x)；

则：a 为宽度为 10 的长整型数，b 为短整型数，x 为双精度浮点型数。

(3)字符"*"

* 的作用是跳过相应的数据。输入的数据不赋给变量。

假如有：

int x=0,y=0,z=0；

scanf("%d% * d%d",&x,&y,&z)；

若输入为：11 22 33 ↙

则结果为：x=11,y=33,z=0

(z 保持原来的值不变,22 被跳过,没有赋给任何变量。)

2. 普通字符

普通字符包括空白字符、转义字符和可见字符。

注意：如果有普通字符，则输入时需要原样输入。

特别提示：在输入格式的修饰符中，不建议使用普通字符。

普通字符的类型：

(1)空白字符：空格符、制表符或换行符都是空白字符，但它们的 ASCII 值是不一样的。

空白字符的作用：对输入的数据起分离作用。

若输入的数据中含有字符型的数据时，需要作一些技术处理，否则有可能出错。

例如：

int a；

char ch；

scanf("%d%c",&a,&ch)；

若输入为：64 ␣q↙

则结果为：ch=　,a=64。

注：结果并不是 ch=q,a=64。

思考:怎样改进？可使得结果为:ch=q,a=64。

(2)转义字符:\n、\t

转义字符属空白字符,对输入的数据不产生影响。

(3)可见字符

可见字符是指 ASCII 码中所有通过键盘输入的可见字符。如数字、字母、其他符号等。

注意:若输入格式中含有可见字符,则实际输入要"原样输入"。

假如有:

int a,b;

char ch;

scanf("%d,%d,%c",&a,&b,&ch);

若输入为:12,34,q↵

则结果为:a=12,b=34,ch=q

思考:若输入为:12␣34␣q↵则结果会怎样?

注意:

(1)要注意数值型数据和字符型数据的取值特点。

若要同时输入这两种类型的数据,可采取先输入字符型数据,后输入数值型数据,以减少错误的发生。

(2)建议在 scanf()语句中不要加入可见字符。避免错误的发生。

表 2-8 常用的 scanf()格式字符表

格式字符	说明
c	用以输入单个字符
d	用以输入有符号的十进制整数
f	用以输入实数,可以用小数形式或指数形式输入
L	用以输入长整型数据以及 double 型数据
o	用以输入无符号的八进制整数
s	用以输入字符串,将字符串送到一个字符数组中,在输入时以非空白字符开始,以第一个空白字符结束。字符串以串结束标志'\0 '作为其最后一个字符
u	用以输入无符号的十进制整数
x 或 X	用来输入无符号的十六进制整数(大小写作用相同)
*	表示本输入项在读入后不赋给相应的变量
域宽	指定输入数据所占宽度(列数),域宽应为正整数

【例 2-11】 输入格式控制符的应用。

```
main()
{
    int a,b; float c,d; char e;
    scanf("%d %d",&a,&b);
```

```
   scanf("%f,%f",&c,&d);
   scanf("%c",&e);
   printf("%d+%d=%d\n",a,b,a+b);
   printf("%f-%f=%f\n",c,d,c-d);
   printf("%c\n",e);
}
```

 本章任务解答

如何编程实现从键盘输入一个变量,求得一个表达式的值?

例题:编程实现从键盘输入 x,求下面表达式的值

$$y = \mathrm{Pi}x + \sin x + 1.5x + e^x \quad (其中 \ \mathrm{Pi} \ 为 \ 3.1415)$$

要解决上述的问题,需要用到的知识点有:标识符,变量,常量,运算符,表达式,输入函数,输出函数。

思路:完成该题目,首先要考虑的是变量 x,y 的定义,符号常量 Pi 的定义,数学函数 $\sin x$ 和 exp,还需要用到输入函数 scanf 从键盘输入 x 的值,输出函数 printf 输出 y 的值。

```
#include<stdio.h>
#include<math.h>    /* 需要使用数学函数,因此在预处理中,要把数学函数的库文
                       件包含进来 */
#define Pi   3.1415
void main()
{
   float x,y;
   scanf("%f",&x);
   y=Pi*x+sin(x)+1.5*x+exp(x);
   printf("%f",y);
}
```

 小结

本章重点:

1. 基本数据类型及取值范围。不同类型的变量有不同的取值范围。
2. 基本表达式的意义,算术表达式、关系表达式、逻辑表达式。
3. 复杂表达式的优先级和表达式的意义,任何复杂表达式都是基本表达式的组合。
4. 几组输入/输出函数,特别是格式化输入/输出函数:scanf()/printf()。

习题

1. 输入两个整数 x,y,输出两者的和、差、商和商的余数。

2. 编写程序实现,从键盘输入 3 个字符,输出这 3 个字符 ASCII 码的平均值。

3. 实现从键盘输入一个 3 位整数,分别输出这个整数的个位、十位和百位。

4. 编写程序实现,从键盘输入弧度 x,计算 $fun(x)=(\cos 3x)^2+\tan 5x-\sin 2x$,并将结果输出。

5. 如果输入一个 3 位整数,要求输出这个整数的逆序数,如输入 123,输出 321。

6. 附加题:实现从键盘输入一个字符,对这个字符进行加密输出,加密方法:把字符对应 ASCII 码二进制值的最低三位二进制数取反,如 A 加密为 F。

选择结构程序设计

本章导读

在前面学习的过程中,发现程序都是按照语句出现的先后次序执行,正如在日常生活中,"按部就班,依次进行"的顺序处理和操作的问题随处可见一样,我们把这种程序结构叫作顺序结构,它是 C 语言中最简单的程序结构。但是顺序结构中,程序执行的流程是固定的,只能按照编码的顺序逐条语句执行,不能跳转,无法适应"特殊情况,特殊处理"、"因人而异,量体裁衣"等需要根据不同条件执行不同处理的需求,所以引入了选择结构来满足实际的应用需求。

C 语言是一种支持结构化程序设计思想的程序设计语言,它有三种基本控制结构:顺序结构、选择结构和循环结构。本章所讲的选择结构可以根据所给判定条件的值来决定程序的流向。

主要知识点

1. 单分支 if 结构
2. 双分支 if-else 结构
3. 多分支 if 嵌套结构和 switch 结构

3.1 if 语句

用 if 语句可以构成分支选择结构,根据给定的条件进行判断,决定执行哪个分支。

3.1.1 单分支 if 语句

单分支 if 语句表示只有一个选项的情形,基本形式为:
if(表达式)
　　语句
说明:

（1）功能：如果表达式的结果为真（值非 0），则执行语句部分，否则不执行该语句，执行流程图如图 3-1 所示。

（2）条件表达式可以是任意的数值、字符、关系表达式或逻辑表达式，非 0 表示真，0 表示假。表达式必须用圆括号括起来。

（3）语句可以是单条语句，也可以是多条语句组合而成的复合语句，如果是复合语句时，不要忘记将多条语句写在花括号内部。

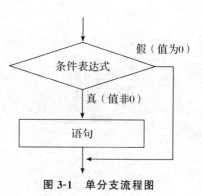

图 3-1　单分支流程图

【例 3-1】　输入 a,b 两个整型数，按照从小到大的顺序输出两个数。

分析：从键盘输入两个整数 a、b，如果 a 小于或者等于 b，交换 a 和 b 的值。否则保持不变，然后按顺序输出 a、b 的值。

程序源代码：

```c
#include <stdio.h>
void main()
{
    int a,b;
    int t;
    printf("请输入两个整数并用空格隔开:\n");
    scanf("%d%d",&a,&b);
    if(a>=b)        /* 交换两个数 a 和 b */
    {
        t=a;
        a=b;
        b=t;
    }
    printf("从小到大的顺序是:%d   %d",a,b);
}
```

3.1.2 双分支 if 语句

双分支 if 语句表示有两种选项的情形，且必须二选一，非此即彼，它的使用形式为：
```
if(表达式)
    语句 1
else
    语句 2
```
说明：

（1）功能：如果表达式的值为真，执行语句 1；否则，表达式的值为假，执行语句 2。执行

的流程图如 3-2 所示:

(2)这是二选一的结构,语句 2 或语句 1 必定有一条且仅有一条语句会被执行。

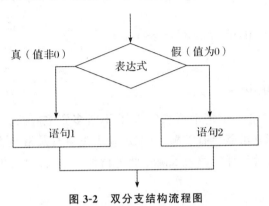

图 3-2 双分支结构流程图

【例 3-2】 键盘输入一个学生的成绩,判断该成绩是否合格。

分析:从键盘输入一个成绩后,以 60 分为界,有两种情况,要么大于等于 60,要么小于 60,所以适合用双分支结构。程序流程如图 3-3 所示。

```
#include <stdio.h>
void main()
{
    int score;
    printf("Please input a score:\n");
    scanf("%d",&score);
    if(score>=60)
        printf("congratulation,pass!\n");
    else
        printf("sorry,no pass\n!");
}
```

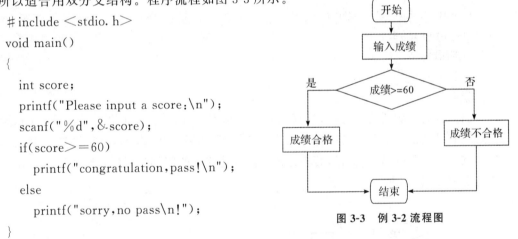

图 3-3 例 3-2 流程图

【例 3-3】 编程实现求下面数学函数的值,x 由用户从键盘输入,自动输出 y 值。

$$y=\begin{cases}3x^2+5x+3.6 & x\neq0 \\ 0 & x=0\end{cases}$$

分析:函数中 x 的值分等于 0 和不等于 0 两种情况,正好符合双分支条件,所以可以使用双分支语句实现,需要提醒的是题目是数学函数表达式,在转化为用 C 语言语句表达时,要注意其中的乘号不能省略。

程序源代码如下:

```
#include<stdio.h>
void main()
{
    double x,y;  /* 注意,此题没有说明 x 必须为整数,所以要兼顾到所有数的情形 */
    if(x)        /* 此处与 if(x!=0)等价,因为该表达式为真时,x 值为非 0 */
```

```
    y＝3 * x * x＋5 * x＋3.6;
  else
    y＝0;
  printf("\n x＝%lf,y＝%.4lf",x,y);
}
```

3.1.3 多分支 if 语句

因为在现实世界中很多事情不是非黑即白,而是多姿多彩的。正如很多时候选择也不是只有一项或两项,而是可能会有多项,例如成绩不是只有及格与不及格之分,而是普遍采用优、良、中、差等多种等级评定。为了满足此种情形,C 语言也提供了多分支的结构,使用的形式为:

if(表达式 1)　语句 1
else if(表达式 2)　语句 2
else if(表达式 3)　语句 3
  ⋮
else if(表达式 n)　语句 n
else 语句 n＋1
其他语句
  ⋮

说明:

(1)功能:从表达式 1 开始,先判断它的值是否为真(非 0),如果是,执行语句 1,然后直接跳转到其他语句部分;否则,计算表达式 2 的值,如果为真(非 0),执行语句 2,然后直接跳转到其他语句部分;以此类推,若表达式 1 到表达式 n 的值都为假(0),则执行语句 n＋1。其执行流程如图 3-4 所示。

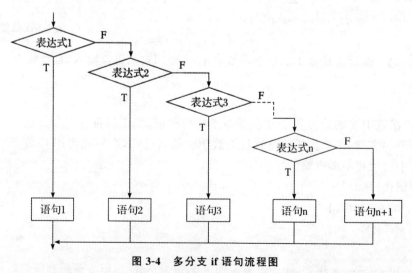

图 3-4　多分支 if 语句流程图

(2)else if 子句中的 else 不能单独使用,它必须是和 if 语句配对使用,且 else 和 if 之间必须要有空格。

(3)语句 1……语句 n+1 可以是单条语句,也可以是带有花括号的多条语句,即复合语句。

(4)多分支的结构中,程序只会执行第一个表达式值为真时对应的分支,后面即使还存在表达式为真值的分支也不会执行。

【例 3-4】 编写一个程序,把百分制成绩转换成五级制,90 分及以上为 A,80 到 90 之间为 B,70 到 80 之间为 C,60 到 70 之间为 D,60 分以下为 E。

分析:题目中根据成绩所处的区间段分为 A、B、C、D、E 5 个档位,刚好适合多分支结构的应用场景,所以,利用多分支 if 语句的表达式来描述成绩所处区间,利用语句 k 来实现档位输出。

程序源代码:

```c
#include<stdio. h>
void main()
{
    int score;
    printf("\n please input a score=");
    scanf("%d",&score);
    if(score>=90)
        printf("\n score=%d,grade=A",score);
    else if(score>=80)
        printf("\n score=%d,grade=B",score);
    else if(score>=70)
        printf("\n score=%d,grade=C",score);
    else if(score>=60)
        printf("\n score=%d,grade=D",score);
    else
        printf("\n score=%d,grade=E",score);
}
```

注意:

(1)使用多分支结构时要小心谨慎,因为表达式只要配对成功一次,就会执行对应的语句后结束跳出该结构。所以,写表达式时既要覆盖到各种情形,同时还要注意逻辑是否有问题。例如,上述例子中,如果多分支 if 语句中的表达式改写成如下样子,会出现什么后果?

```c
if(score>=60)
    printf("\n score=%d,grade=D",score);
else if(score>=70)
```

```
    printf("\n score=%d,grade=C",score);
  else if(score>=80)
    printf("\n score=%d,grade=B",score);
  else if(score>=90)
    printf("\n score=%d,grade=A",score);
  else
    printf("\n score=%d,grade=E",score);
```

3.1.4 if 语句的嵌套

如果 if 子句或 else 子句中包含了另外其他完整的 if 语句,则称之为 if 语句的嵌套。常见的格式如下:

①嵌套方式 1

```
if(表达式)
  if(表达式)
    语句 1
  else
    语句 2
else
  if(表达式)
    语句 3
  else
    语句 4
```

②嵌套方式 2

```
if(表达式)
{
  if(表达式)
    语句 1
  else
    语句 2
}
else
{
  if(表达式)
    语句 3
  else
    语句 4
}
```

说明:

(1)if 语句允许嵌套,为了提高程序的可读性,通常建议采用必要的缩进来表明嵌套关系,当然,也还可以增加花括号来增强嵌套关系。上面左右两侧的嵌套关系是相同的。

(2)需要注意的是 if 与 else 的配对关系。C 语言规定 else 总是与它前面最近的一个未配对的 if 配对,简记为"就近原则"。当然,可以通过使用花括号来改变默认的配对关系。

【例 3-5】 求出下列程序中输出的结果。

```
#include<stdio. h>
void main()
{
  int a=2, b=5, c=3;
  if(a<=b)
    if(b<c)
      c=a;
    else
      c=b;
  printf("\c=%d",c);
}
```

```
#include<stdio. h>
void main()
{
  int a=2, b=5, c=3;
  if(a<=b)
  {
    if(b<c)
      c=a;
  }
  else
    c=b;
  printf("\c=%d",c);
}
```

左侧运行结果:c=5   右侧运行结果:c=3

程序解析:

左侧程序中的 else 与就近的 if(b<c)配对,因为 a<=b 的结果为真,转向判断 b<c 的结果为假,执行与之配对的 else 语句 c=b,得到 c=5。

右侧程序中的 else 与就近的 if(b<c)之间因为花括号强行隔离,无法配对成功,所以只能舍近求远与 if(a<=b)配对,因为 a<=b 的结果为真,转向判断 b<c 的结果为假,所以 c 值没有改变,还是初始值 3,因而得到 c=3。

3. 2 switch 语句

当问题需要讨论的情况较多时,除了多分支 if 语句外,C 语言还提供了另外一种多分支选择结构,即 switch 语句。switch 开关语句能够更加简化程序的结构,它就像多路开关一样控制程序流程形成多个分支,根据表达式可能产生的不同结果选择其中的一个或者多个分支语句执行。switch 语句的一般形式为:

```
switch(表达式)
{
  case 常量 1:语句序列 1;
  case 常量 2:语句序列 2;
  case 常量 3:语句序列 3;
   ⋮
  case 常量 n:语句序列 n;
  default:语句序列 n+1;
}
```

执行流程说明:

(1)如图 3-5 所示,首先计算 switch 后面表达式的值。

（2）然后将表达式的值逐个和 case 子句中的常量比较,当找到与某个常量表达式的值相等时,即执行其后的语句序列。

（3）如果该语句序列末尾有 break 子句,则退出 switch 结构。如果没有 break 子句,则继续执行后续的语句序列,无论语句序列前的常量值是否与表达式值相等。直到遇到 break 退出 switch 结构或者执行完所有的语句序列时才终止。

（4）如果表达式的值和所有的常量都不相等,则执行 default 子句后面的语句序列,如果没有 default,则退出 switch 结构。

使用 switch 语句时,需要注意:

（1）switch 后圆括号内的表达式的值一般为整型、字符型或枚举类型,即可以隐性转化为整型的表达式。

（2）case 和其后的常量或常量表达式之间必须用空格隔开。且常量或常量表达式的值类型应该与 switch 后括号内表达式的类型一致。

（3）case 后面的常量表达式的值不能相同,但是语句序列可以相同。

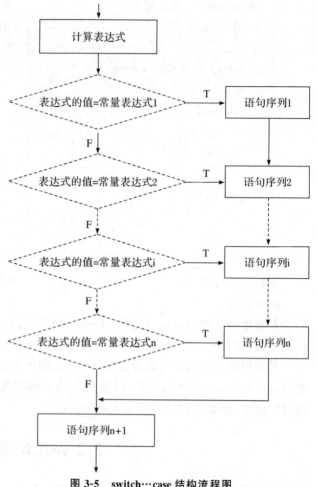

图 3-5　switch…case 结构流程图

（4）理论上,case 后面的常量出现的次序与程序执行的结果没有影响,但从执行效率角度考虑,尽量把命中频率高的 case 常量放在前面。

（5）如果 case 后面的语句序列省略不写,则表示它与后续的 case 执行相同的语句序列。

（6）default 不是必须,可以没有,而且 default 的顺序可以任意,没有强制要求。

【例 3-6】　将学生的百分制成绩转换成五级制成绩。转换规则如下:大于等于 90 分时等级为优秀,80～89 分时等级为良好,70～79 分时等级为中等,60～69 分时等级为合格,60分以下时等级为不合格。

分析:本题多分支的需求较为明显,但是给出的区间段,无法直接用 switch 语句,所以需要将区间段与常量关联起来,发现每个区间段的十位数是一样的,而且是整数,所以将成绩除以 10 即可。

源程序代码:

```
#include <stdio.h>
void main()
{
```

```
int score;
printf("请输入一门课的成绩:\n");
scanf("%d",&score);
switch(score/10)
{
    case 10:
    case 9:printf("优秀");break;
    case 8:printf("良好");break;
    case 7:printf("中等");break;
    case 6:printf("合格");break;
    default:printf("不合格");
}

}
```

【例 3-7】 某物品原有价值为 p,由于其使用价值降低,价值的折扣根据时间 t(存放月数)确定如下:

$$\begin{cases} t<3 & \text{无折扣} \\ 3<=t<6 & 2\%\text{折扣} \\ 6<=t<12 & 5\%\text{折扣} \\ 12<=t<21 & 8\%\text{折扣} \\ t>=21 & 10\%\text{折扣} \end{cases}$$

分析:为了使用 switch 语句,必须将时间 t 与价值折扣率之间的关系转化为某些整数与折扣率的关系,通过分析可知,时间的变化点都是 3 的倍数(3,6,12,21),若将时间除以 3 即可找到对应关系。

源程序代码如下:

```
#include<stdio.h>
int main()
{
    int time,discount;
    float price;
    scanf("%d,%f",&time,&price);
    switch(t/3)
    {
        case 0:discount=0;break;
        case 1:discount=2;break;
        case 2:
        case 3:discount=5;break;
        case 4:
        case 5:
        case 6:discount=8;break;
```

```
      default:discount=10;break;
  }
  printf("\nPrice=%f\n",price*(1-discount/100.0));
}
```

 小结

本章主要介绍了结构化程序设计中的三大结构之一:选择结构。包括单分支,双分支和多分支的情形。C语言提供的语句有if语句和switch语句。

if语句用于单分支结构,if-else语句用于双分支结构,if-else嵌套和switch结构都可以实现多分支结构,相比之下if-else嵌套具有较高通用性,但嵌套结构太多会降低程序的可读性以及配对的问题。要注意在switch语句中正确地使用break语句以使程序能够从switch分支中正确地跳出,避免发生逻辑上的错误。

 习题

1. 输入一个字符,判断它是否为大写字母,如果是,将其转换为小写字母,否则原样输出。
2. 编写程序:在屏幕上显示一张如下的活动选择表:
********* 活动选项 *********
1. 爬山
2. 露营
3. 唱歌
4. 参观图书馆
操作人员根据提示进行选择,程序根据输入的×序号显示相应的活动选项,选择1时显示爬山,选择2时显示露营,选择3时显示唱歌,选择4时显示参观图书馆,选择其他选项时提示输入错误。
3. 输入一个数,判断它能否被3和5整除。
4. 根据表3-1所示的个人所得税计算方法计算员工应缴个人所得税。

表3-1 个人所得税计税方法

月收入	税率
3500以下(包含3500)	0
3500~4000	0.38%
4000~4500	0.67%
4500~5000	0.90%
5000~6000	2.42%
6000~8000	4.31%
8000~10000	7.45%

第4章 循环结构程序设计

本章导读

　　截至本章内容为止,程序中的每一条语句都只能被执行一次,或者一次也不执行。但是在解决实际应用中的许多问题时,都会涉及需要重复执行某些操作,而且需要重复的次数有时是已知的,有时是未知的。例如,计算 $1+2+3+4+\cdots+n$,按照传统思路可以定义 n 个变量,然后逐个相加求和。但是随着定义的变量个数增多,程序会显得越发笨拙,可读性差,而且一旦 n 值发生变化,需要修改程序,维护性差。但是如果通过循环结构解决该问题则只需三五行语句即可,且可以适应 n 值的变化。

　　循环结构是结构化程序设计的三大基本结构之一,是复杂程序设计的基础。它的特点是条件成立时,重复执行指定程序段,直到条件不成立时终止执行。循环结构可以极大降低程序书写的长度和复杂度,提高程序的可读性和执行速度。

主要知识点

　　1. 循环结构的三种用法:while 循环,for 循环和 do-while 循环
　　2. 循环结构的控制语句:break 和 continue 语句

4.1 循环结构的流程图

循环结构有两种类型:

1. 当型循环结构,表示当条件 C 成立时,反复执行程序段 A,直到条件 C 不成立时结束循环,流程图如图 4-1 所示。

2. 直到型循环,表示先执行程序段 A,再判断条件 C 是否成立,若条件 C 成立,则反复执行程序段 A,直到条件 C 不成立时结束循环,流程图如图 4-2 所示。

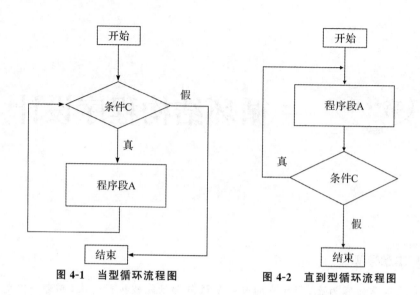

图 4-1　当型循环流程图　　　　图 4-2　直到型循环流程图

注意：

（1）当型循环结构需要先判断循环条件 C 是否成立,只有成立才执行程序段 A,因此程序段 A 可能一次都不执行。

（2）直到型循环结构先执行程序段 A 一次,再判断循环条件 C 是否成立,如果成立则继续执行程序段 A,因此,程序段 A 至少被执行一次。

4.2 while 循环语句

while 循环语句用来实现当型循环,while 语句的一般形式：

while(条件表达式)
{
　　循环体语句序列
}

注意：

1."条件表达式"成为循环条件,可以是任意的数值、字符、关系表达式或逻辑表达式,非 0 表示真,0 表示假。"条件表达式"必须用圆括号括起来。

2. 若条件表达式的值一开始就为假(值为 0),则循环体语句序列一次也不执行。

3."循环体语句序列"可以是一条简单语句或多条语句。如果只有一条语句,可以省略花括号,但为了提高程序的可维护性,避免以后在循环体中增加语句时发生逻辑错误,建议无论循环体内有几条语句,都使用花括号括起来。没有花括号时,只有 while 后面的第一条语句被当作循环体内的语句处理。

4. 循环体语句序列中应该有改变条件表达式值的语句,否则容易成为无限循环(死循环)。例如循环条件 i<100,在循环体语句序列中应该有类似 i＋＋这样的语句迫使 i<100 朝着为假的趋势发展。

5. while(条件表达式)后面千万不能加分号,否则表示循环体为空语句,即什么也不做。

【例 4-1】 求前 100 个自然数之和。

分析:这是一个求累加和的问题,等价与 1+2+3+…+100,加数从 1 到 100,规律是每次递增 1,所以可以设置以整型变量 k 来表示加数,将循环条件设置为 k<=100。另外设置变量 sum 存储累加的结果,初值为 0。在循环体语句序列中设置 sum=sum+k,每次求完和之后,让 k 自加 1,迫使 k<=100 的条件语句随着 k 值增长朝着为假的趋势发展,最终在有限次循环之后结束。

程序代码如下:

```
#include<stdio.h>
void main()
{
  int k=1,sum=0;
  while(k<=100)
  {
    sum=sum+k;
    k++;
  }
  printf("\nsum=%d\n",sum);
}
```

运行结果为:

sum=5050

思考:

(1)若循环体中省略 k++语句,会出现什么结果?

(2)若将 sum=sum+k 与 k++调换顺序,结果有变化吗? 如果顺序调换,但要求结果不变,应该如何修改程序?

【例 4-2】 输入一串字符以"0"作为输入的结束,如果是大写字母则转换成小写字母,如果是小写字母则转换成大写字母,其他字符则保持原样。

分析:从题目的意思可以判断循环的条件是输入的字符不为"0",循环体要执行的任务是判断大小写后互换并输出,然后输入下一个字符。

程序代码如下:

```
#include<stdio.h>
void main()
{
  char ch;
  printf("please enter a string:\n");
  scanf("%c",&ch);
  while(ch!='0')
  {
```

```
    if(ch>='A'&&ch<='Z')
       ch=ch+32;
    else if(ch>='a'&&ch<='z')
       ch=ch-32;
    printf("%c",ch);
    scanf("%c",&ch);
  }
}
```

4.3 do-while 循环语句

do-while 语句用来实现直到型循环,do-while 语句的一般形式:

```
do
{
    循环体语句序列
} while(条件表达式);
```

注意:

(1)执行过程:先执行一次循环体语句序列,再判断条件表达式的值是否成立,如果值为真(非 0)时,继续执行循环体语句序列,直到表达式的的值为假(0)后结束循环。

(2)do 为关键字,必须与 while 联合使用。

(3)与 while 语句不同,do-while 结构是从 do 开始,while 结束,因此 while(条件表达式)后面的分号不能少。

【例 4-3】 用 do-while 循环实现 1~100 的累加和。

分析:注意把握好 do-while 循环结构至少执行一次循环体的特点,避免执行次数少一次或多一次的边界问题。

```
#include <stdio.h>
void main()
{
    int sum,i;
    sum=0,i=0;
    do
    {
      i=i+1;
      sum+=i;
    }while(i<100);
    printf("1+2+3+4+…+100=%d",sum);
}
```

运行结果:

$1+2+3+4+\cdots+100=5050$

思考：

(1)如果将 while 后面的条件表达式改为 i<=100,会出现什么后果？

(2)如果将 i 的初始值设置为 i=1,会出现什么后果,该如何处理确保结果无误？

(3)如果将循环体中 i=i+1 和 sum+=i 互换会出现什么后果？

【例 4-4】 求 $1^2-2^2+3^2-4^2+\cdots+n^2$ 的前 11 项之和。

分析：底数规律是从 1 开始,逐项递增 1；另外,底数前面的符号是正负交叉,规律是底数为偶数时,前面为负号。循环条件是底数小于等于 11,循环体要完成正负判断、求和、底数递增 1 等三项任务,同样要注意的是边界的把握,小心求和的项目是少了还是多了。

程序代码如下：

```c
#include<stido.h>
void main()
{
    int k=1,sum=0,sign=1;
    do
    {
        sum=sum+k*k*sign;        /* 完成求和任务 */
        sign=sign*(-1);          /* 实现交替改变底数前的符号,也可以用其他方式
                                    实现 */
        k++;                     /* 实现底数递增 1 */
    }while(k<=11)
    printf("\n sum=%d \n",sum);
}
```

运行结果：

sum=66

程序分析：

(1)利用 k 控制底数递增,sum 保存求和结果,sign 控制底数前的正负号规律

(2)思考:如果将 while 条件后面的条件改成 k<11,如何更改上述程序？

4.4 for 循环语句

for 循环是 C 语言循环中使用最灵活的基本循环形式,不仅可以用于循环次数已知的情况；也可以替代 while 或 do-while 循环语句实现循环次数不确定的情况。

for 循环语句用于实现当型循环,for 循环语句的一般形式：

```c
for(表达式 1;表达式 2;表达式 3)
{
    循环体语句序列；
}
```

说明：

(1)执行过程：先计算表达式 1 的值，然后计算和判断表达式 2 的值，当表达式 2 的值为真(非 0)时，执行循环体语句序列，接着计算表达式 3 的值，结束后再次计算和判断表达式 2 的值，如此反复，直到表达式 2 的值为假(值为 0)时停止循环，流程如图 4-3 所示。

(2)表达式 1：一般为赋值表达式，通常用于为控制循环的辅助变量赋初值；可以是一个简单的表达式，也可以是多个变量同时赋初值的逗号表达式，如 i＝0 或 i＝0,k＝1 等。此外，该表达式可以省略，但是其后的分号不能省略，省略时，应该在 for 语句前增加赋值语句。例如：

```
for(i＝0;i＜10;i＋＋)
{
    sum＝sum＋i;
}
```

省略后变成：

```
i＝0;        /* 赋初值的语句 */
for(;i＜10;i＋＋)
{
    sum＝sum＋i;
}
```

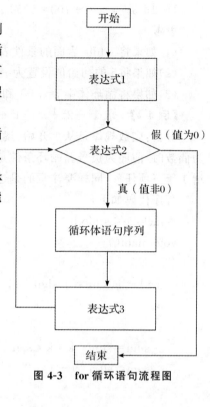

图 4-3　for 循环语句流程图

(3)表达式 2：一般为关系表达式或逻辑表达式，是循环的控制条件。同样的，该表达式也可以省略，但其后的分号不能省略，需要注意的是该表达式省略时，应在循环体语句序列中增加循环的控制条件，避免陷入无限死循环。例如：

```
for(i＝0;i＜10;i＋＋)
{
    sum＝sum＋i;
}
```

省略后变成

```
for(i＝0;;i＋＋)
{
    if(i＜10)
        sum＝sum＋i;
    else
        break;
}
```

(4)表达式 3：用于改变控制循环的变量的值，迫使表达式 2 朝值为假趋势靠近，实现有限次循环，避免陷入无限死循环。可以是一个简单表达式，也可以是逗号表达式。同样，该

表达式也可以省略,而在循环体语句序列中增加相同功能的语句。例如:

```
for(i=0;i<10;;)
{
    sum=sum+i;
    i++;
}
```

【例 4-5】 利用 for 循环结构求 1+2+3+…+100 的和。

分析:该题的规律是累加项初始值为 1,后面递增 1,终止条件是求和项小于等于 100,主要任务是求各项的累加和。所以,可以设置变量 k 为累加项,并用它来控制循环,设置变量 sum 为求和结果。所以表达式 1 为 k=1,sum=0;表达式 2 为 k<=100;表达式 3 为 k++;循环体语句为 sum=sum+k;。

程序源代码为:

```
#include<stdio.h>
void main()
{
    int k,sum;
    for(k=1,sum=0;k<=100;k++)
    {
        sum=sum+k;
    }
    printf("\nsum=%d\n",sum);
}
```

运行结果为:

sum=5050

思考:如果 for 后面的三个表达式都省略,该程序要如何修改?

【例 4-6】 利用 for 循环结构求出下列分数序列的前 15 项之和。

$$\frac{2}{1},\frac{3}{2},\frac{5}{3},\frac{8}{5},\frac{13}{8},\frac{21}{13},\cdots$$

分析:使用循环结构,首先要找出该组分数序列的变化规律,才能明确 for 循环中三个表达式的任务。仔细观察,不难发现,从第二项开始,每项的分子都是前一项的分子与分母之和,而分母正是前一项的分子。所以,可以设置变量 a 控制项数,i 控制每项的分子,j 控制每项的分母,sum 存储每项之和。结合前面的分析规律,不难得到如下的代码。

程序源代码:

```
#include<stdio.h>
void main()
{
    int a;
    double i,j,sum,temp;
```

```
for(i=2.0,j=1.0,sum=0.0,a=1;a<=15;a++)
{
    sum+=i/j;
    temp=i;      /* 先存储当前项的分子,作为下一项的分母 */
    i=i+j;       /* 求出下一项的分子为当前项的分子与分母之和 */
    j=temp;      /* 求出下一项的分母为当前项的分子 */
}
printf("\n sum=%.4lf\n",sum);
}
```

【例 4-7】 输出 100 到 1000 内的所有水仙花数。水仙花数是指一个三位数,其各位数字的立方和等于该数本身,如 153 是一个水仙花数,因为 $153=1^3+5^3+3^3$。

分析:该题逐个判断 100~1000 的每个三位数是否符合水仙花数规律,要逐个遍历,正好可以借助循环结构,设置初值为 100,然后递增 1,直至小于 1000 即可,循环体只要将该三位数分解出个位数、十位数和百位数,然后判断它们的立方之和是否等于该数本身即可。

程序源代码:

```
#include<stdio.h>
void main()
{
    int k,ge,shi,bai;
    for(k=100;k<1000;k++)
    {
        ge=k%10;        /* 求出个位数 */
        shi=k/10%10;    /* 求出十位数 */
        bai=k/100;      /* 求出百位数 */
        if(k==ge*ge*ge+sih*shi*shi+bai*bai*bai)
        {
            printf("\n%d",k);
        }
    }
}
```

4.5 嵌套循环

如果一个循环结构的循环体中包含另一个循环结构,则这种形式可称为循环的嵌套。前面所讲的 while,do-while,for 都可以相互嵌套、自由组合。循环的嵌套又称为多重循环,在实际应用时,要注意每个循环结构都要求结构完整,层次清晰,不能出现交叉。嵌套循环常用于解决二维数组的遍历,矩阵运算等问题,在编程和阅读程序时要注意各层的循环变量的变化。

【例 4-8】 嵌套循环的执行过程演示。

```c
#include<stdio.h>
void main()
{
    int i,j;
    for(i=0;i<3;i++)        /* 外层循环开始 */
    {
        printf("\n outer loop i=%d:",i);/* 进入内层循环前输出外层循环变量的值 */
        for(j=0;j<3;j++)                /* 内层循环开始 */
        {
            printf("j=%5d",j);          /* 内层循环的循环体 */
        }                               /* 内层循环结束 */
    }                                   /* 外层循环结束 */
}
```

运行结果：

```
outer loop i=0:j=0    j=1    j=2
outer loop i=1:j=0    j=1    j=2
outer loop i=2:j=0    j=1    j=2
```

程序分析：

从程序的运行结果可以看出,嵌套循环执行时,先有外层循环进入内层循环,并在内层循环结束后接着再执行外层循环,再由外层循环进入内层循环,当外层循环全部结束时终止程序执行。

注意：

(1)在嵌套的各层循环结构中,建议每个循环体都用花括号括起来,而且内层循环结构必须完整地被外层循环包含。

(2)嵌套循环的内外层建议使用不同名的循环控制变量,以免造成结构混乱。

(3)为了体现程序层次的结构性,也方便程序的阅读和逻辑检查,建议采用适当的右缩进方式来书写程序代码。

【例 4-9】 输出乘法口诀表。

分析:乘法口诀表是 9 行 9 列,所以可以借助变量 i 控制行,j 控制列,其中控制行的变量 i 的取值范围是 1 到 9。每行的列数 j 都从 1 开始递增,直到列数 j 的值等于行数 i 的值。例如第 1 行有 1 列,第 2 行有 2 列,依此类推,到最后与 i 值相同后,输出换行符号进入下一行。

程序代码如下：

```c
#include<stdio.h>
```

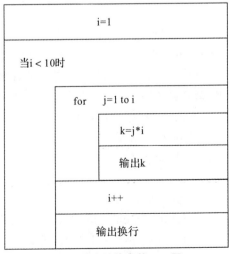

图 4-4 乘法口诀表的 N-S 图

```
void main()
{
  int i,j,k;
  for(i=1;i<10;i++)
  {
    for(j=1;j<=i;j++)
    {
      k=i*j;
      printf("%d*%d=%-5d",j,i,k);
    }
    printf("\n");
  }
}
```

运行结果：

```
1*1=1
1*2=2  2*2=4
1*3=3  2*3=6  3*3=9
1*4=4  2*4=8  3*4=12  4*4=16
1*5=5  2*5=10 3*5=15  4*5=20  5*5=25
1*6=6  2*6=12 3*6=18  4*6=24  5*6=30  6*6=36
1*7=7  2*7=14 3*7=21  4*7=28  5*7=35  6*7=42  7*7=49
1*8=8  2*8=16 3*8=24  4*8=32  5*8=40  6*8=48  7*8=56  8*8=64
1*9=9  2*9=18 3*9=27  4*9=36  5*9=45  6*9=54  7*9=63  8*9=72  9*9=81
```

图 4-5　乘法口诀的运行结果

【例 4-10】　百钱买百鸡问题。现有 100 元，要求购买 100 只鸡，假定每只母鸡 3 元，每只公鸡 2 元，每只小鸡 5 角。编程列出可能的采购方案。

问题分析：设母鸡、公鸡、小鸡分别为 x，y，z 只，则根据题意，可以把问题转化为大家熟悉的三元一次方程组问题：

$$\begin{cases} x+y+z=100 \\ 3x+2y+0.5z=100 \end{cases}$$

该方程组包含 3 个未知数，是一个不定方程，有多组解，用代数法很难求解，通常采用穷举法求解这类问题。所谓穷举法又称为枚举法，就是将所有可能的方案都逐一检测，方法简单、直接，若用人工方法求解需要消耗较大的工作量。但是如果由计算机来完成则非常简单，结合循环结构和计算机处理速度快的特点，可以在短时间内获得答案。

方法一：采用 3 重循环穷举 x，y，z 的全部可能组合。

```
#include<stdio.h>
void main()
{
  int x,y,z;
  printf("muji\t gongji\t xiaoji\n");
  for(x=0;x<=100;x++)
```

```
    {
      for(y=0;y<=100;y++)
      {
        for(z=0;z<100;z++)
        {
          if((3*x+2*y+0.5*z==100)&&(x+y+z)==100)
            printf("%d\t%d\t%d\n",i,j,z);
        }
      }
    }
}
```

方法二:上述方法使用了 3 重循环,需要遍历超过 100 万次才能完成穷举。为了提高程序的效率,可以在循环控制条件上进行优化。因为母鸡 3 元一只,最多只能买 33 只;同理,公鸡最多只能买 50 只;此外,题目要求 100 只鸡,则小鸡的只数肯定为 100-x-y,所以可以将上述程序改进,将遍历次数缩小为 1735 次,程序代码如下:

方法一:采用 3 重循环穷举 x,y,z 的全部可能组合。

```
#include<stdio.h>
void main()
{
  int x,y,z;
  printf("muji\t gongji\t xiaoji\n");
  for(x=0;x<=33;x++)
  {
    for(y=0;y<=50;y++)
    {
      z=100-x-y;
      if(3*x+2*y+0.5*z==100)
        printf("%d\t%d\t%d\n",i,j,z);
    }
  }
}
```

运行结果:

```
muji    gongji  xiaoji
2       30      68
5       25      70
8       20      72
11      15      74
14      10      76
17      5       78
20      0       80
```

因此,在多重循环中,为了降低循环的次数,缩短运行时间,对程序要进行优化设计,尽可能地运用已知的条件,降低循环嵌套的层次和每层循环的次数。

4.6 break 语句和 continue 语句

在使用循环结构解决实际问题时,有时需要提前跳出循环或在满足某种条件的情况下,忽略循环体中剩余的语句而提前进入下一轮的循环。例如,百钱百鸡问题,如果只需要寻找一组方案,则应该在找到第一组结果后立即终止循环,无需继续。此时,就要用到 break 或 continue。

4.6.1 break 语句

switch 结构中已经使用过 break 语句了,它的作用是跳出 switch 结构。事实上,break 还有另外一个作用就是跳出当前所在的循环结构,转到循环结构的后续语句或者返回到嵌套循环的外层。

1. break 语句的一般形式为:

break;

循环体中的 break 语句执行时的流程图如图 4-6 所示:

【例 4-11】 阅读程序,解释下列程序的功能。

```c
void main()
{
    int sum,i;
    sum=0;
    for(i=0;;i++)
    {
        sum+=i;
        if(i>50)
            break;
    }
    printf("\n sum=%d",sum);
}
```

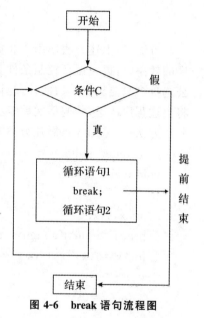

图 4-6 break 语句流程图

【例 4-12】 从键盘上输入一个正整数,判断它是否为素数。

分析:素数是指大于 1,且除了 1 和它本身以外,不能被其他任何整数整除的数。判断一个数是否为素数的最简单办法是判断从 2 开始到本身之间是否存在某个数可以被该数整除,只要存在一个,则证明它不是素数,即可终止继续寻找。

```c
#include<stdio.h>
void main()
{
```

```
int m,k;
printf("\n please input a int number:")
scanf("%d",&m);
if(m<=1)
    printf("\n Error,the number you inputed is invalid");
else
{
    for(k=2;k<m;k++)
    {
        if(m%k==0)
            break;
    }
    if(k>=m)
        printf("\n %d is an prime number");
    else
        printf("\n %d is not a prime number.",);
}
}
```

4.6.2 continue 语句

continue 语句的作用是结束本次循环,即跳过循环体中下面尚未被执行的语句直接进入下一轮循环条件的判断。由此可见,continue 语句不会终止循环,只是在循环体语句没有完全执行完的情况下,提前结束本次循环,进入下一次循环判断,其执行过程如图 4-7 所示。

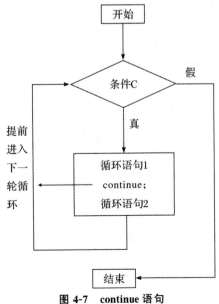

图 4-7 continue 语句

1. continue 的用法如下：

continue;

【例 4-13】 求出 1~500 之间的完全平方数。完全平方数是指能够表示成另一个整数的平方的整数。要求每行输出 8 个数。

分析：本题顺着思路需要考虑每个数是否是另外一个整数的平方，不如逆着思路，从 1 开始，每次递增 1，逐项判断它的平方是否超过 500 即可，其中因为 25 的平方是 625，所以递增项肯定不会超过 25。

程序源代码：

```
#include<stdio.h>
void main()
{
    int i,j,n=0;
    for(i=1;i<25;i++)
    {
        j=i*i;
        if(j>500)
            continue;
        if(n%8==0)
            printf("\n");
        n++;
        printf("%8d",j);
    }
}
```

小结

本章主要介绍了循环结构的类型和语法，其中 while 和 for 结构都是当型循环，do-while 为直到型循环。同时学习了循环结构的嵌套使用与执行过程控制，可以使用 break 或 continue 来改变循环体执行的流程。

习题

1. 求两个正整数的最大公约数和最小公倍数。

2. 编程计算 1+3+5+7+9+⋯+101 的值。

3. 将 1~200 之间整数中能同时被 3 和 5 整除的数打印出来，并统计其个数。

4. 输入一串字符，分别统计其中英文字母、空格、数字和其他字符的个数。

5. 在屏幕上打印输出如下图案。

```
        *
       ***
      *****
     *******
    *********
     *******
      *****
       ***
        *
```

图 4-8　习题 5 图案

6. 韩信点兵。韩信带了一支军队,他想知道这支军队有多少人,便让士兵报数。按从 1 到 5 报数,最末一个士兵报的是 1;按从 1 到 6 报数,最末一个士兵报的数是 5;按从 1 到 7 报数,最末一个士兵报的数是 4;最后按从 1 到 11 报数,最末一个士兵报的数是 10。请编程计算韩信至少带了几名士兵。

7. 若一个口袋内放了 12 颗球,其中红色 3 颗,白色 3 颗,黑色有 6 颗,从中任取 8 颗球,求解共有多少种组合方式。

第5章　数组程序设计

本章导读

　　程序设计的核心任务之一是对数据的组织和存储。到目前为止，我们在进行程序设计时所涉及的数据量都非常小，数据之间基本没有内在联系，用于存储这些数据的变量都是简单变量。然而，像集合、数列、矩阵等重要数学概念所涉及的数据都是批量出现的，而且数据之间存在紧密的内在关系。在程序中如何表示这些数学概念，如何组织与存储这些概念中的数据并对其进行操作，是程序设计不可回避的问题。

　　很多程序设计语言都提供了对集合、数列、矩阵等概念的表示与布局方式，这些概念中的数据按照一定的结构聚合在一起，构成了一个集合，并采用统一的方法来访问。数组就是利用这一方法所构造出的具有相同类型的数据集合，其实质就是一组数据的连续存储空间，其中每个数据及存储空间被称为元素。不同于多个普通变量的罗列，数组中各元素所占据的存储空间是连续的，且所有元素只有一个名字——数组名，其中的元素由数组名及元素在数组中的位序来唯一标识。元素的位序成为数组元素的下标。数组元素可以根据下标来单独进行访问。按照下标个数的多少可以将数组分为一维数组、二维数组及多维数组。本章主要讨论用一维数组和二维数组来表示不同概念的批量数据以及编程处理这些数据的方法。

主要知识点

1. 数组的概念和作用
2. 一维数组的定义和基本操作
3. 二维数组的定义和基本操作
4. 常用字符串操作函数的使用

本章任务

1. 判断一个字符串"abcdabcddcbadcba"是否为回文串(palidrome)。

2. 给定矩阵如下：

$$a=\begin{bmatrix} 3 & 2 & 1 \\ 4 & 5 & 6 \\ 9 & 8 & 7 \end{bmatrix}$$

要求把该矩阵主对角线下方数字全部变成0，然后输出新矩阵。

5.1 一维数组程序设计

5.1.1 使用数组的必要性

之前讲到的程序都是对数量较少的变量进行操作和计算，例如可以定义 worker1，worker2 等等。但如果有五十人，一百人，甚至更多，能采取这样英文单词后加编号的办法吗？这显然是行不通的。不用说别的，仅仅输出几十个同样类型变量的值都十分麻烦。这时应该怎么办呢？对于具有同一类型的多个数据，可以用数组来解决这些运算和操作的问题。如果一个事物只有一个衡量尺度，比方说成绩、身高之类的，那么一维数组就可以胜任。如果一个数据本身有两个衡量尺度，如第 X 行第 Y 列的数据，那么可以使用二维数组来解决问题。

5.1.2 一维数组的定义和初始化

数组与简单变量一样也是先声明、后使用的。声明包括数组的类型、数组名以及数组元素的个数。数组的一般声明形式如下：

DataType ArrayName[ElementNumber]；

其中 DataType 为数组的类型，指出了数组中每个元素的数据类型，可以是简单类型，也可以是复杂类型；ArrayName 为数组名；数组名后面的一对方括号为数组的特征标识符，说明了 ArrayName 为数组而不是普通变量，方括号中的 ElementNumber 为数组元素的个数，它只能是整数类型的常量，界定了数组中最多能存储 ElementNumber 个数据。例如：

double a[10]；

int k[20]；

定义了两个一维数组，其中一个是名为 a 的 double 型数组，用它最多可以存储连续的 10 个 double 型数据；另一个是名为 k 的 int 型数组，用它最多可以存储连续的 20 个 int 型数据。

要想在数组中存取数据，可以通过指定数组名和元素下标的方法来访问数组元素。数组元素的一般访问格式如下：

ArrayName[subscripting]

其中 ArrayName 为数组名；subscripting 为元素的下标表达式，即元素在数组中的位序。表示下标的表达式必须用一对方括号括起来，C 语言把这对方括号定义为下标运算符。subscripting 只能是一个整型常量或者一个整数类型的表达式。数组元素的下标值始终从 0 开始计数，如果数组元素的个数为 n，那么 subscripting 取值范围为 0 到 $n-1$。基本情况可以参照图 5-1。我们也称数组长度为 n。如果在调用时不慎将 subscripting 的值变成了 n 以及更大的数，或者负数，就会引发"下标越界"的错误。

a[0]	a[1]	a[2]	a[3]	a[4]
3	7	8	4	9

图 5-1   数组示例

在内存里，一个一维数组就是像图 5-1 一样线性存储的。两个元素之间差几个元素是可以用下标相减得到的。假如一个数组 s 含有 5 个元素，则它的所有元素可以依次表示成 s[0],s[1],…,s[4]，这样就可以像简单变量一样对数组元素进行数据存取。例如：

s[0]＝90.0;

s[4]＝10.0;

b＝(s[0]＋s[9])/2;

其中前两个语句表示给数组 a 的首元素赋值 90.0，给末元素赋值 10.0，第三个语句表示将数组 a 的首元素与末元素之和除以 2 后再赋值给变量 b。

用常量作下标对数组进行访问，实际上是将元素一个个的列举出来，而当数组中元素的个数较多时，一个个列举是不现实的。用变量作下标，并用循环控制访问数组元素是程序设计的一种常用方式。例如

int square[10],i;

for(i=0;i<10;i++)

　　square[i]=i * i;

这个程序段中定义了一个具有 10 个元素的整型数组，并且在数组 square 中存入 0 到 9 的平方数。

数组名命名规则和变量名一样，符合标识符命名规则。而且数组名不能和其他变量重名。如在同一段代码中定义：

int a＝7;

double a[8];

就是错误的。

另外，数组在定义时，其长度值要为常量，绝不能是变量。如，

#define LEN 9

int a[8],b[LEN];　　　　/* 正确，长度定义都是常量 */

int t;

scanf("%d",&t);

float c[t];　　　　　　　/* 错误，长度定义为变量 */

在定义数组时为各个数组元素指定初值，就是通常所说的数组初始化。一维数组初始化一般形式为：

DataType ArrayName[ElementNumber]＝{initial value list};

其中的 initial value list 是初值数据列表，置于一对花括号内，列表之间数据用逗号分隔。系统将按列表里值的顺序，依次赋给数组元素。一般有下边两种情况：

(1)显式给出数组长度并赋初值。如：

int a[6]={3,4,5,7,8,9};　 /* 该语句执行后的结果就是 a[0]=3,a[1]=4,a[2]=5,a[3]=7,a[4]=8,a[5]=9 */

注意:花括号内值的类型要和数组定义类型一致,且初值数据个数应少于或等于数组长度。

如果是初始数据个数比数组长度小,那么数组后边那些没有对应初值的元素一律赋予值 0。如:

int a[6]={3,4,5};/* 该语句执行后的结果就是 a[0]=3,a[1]=4,a[2]=5,a[3]=0,a[4]=0,a[5]=0 */

如果想对全部元素赋予同样的值,一般要给出完整列表,如:

int a[6]={1,1,1,1,1,1};

只有赋予全 0 时例外。

int a[6]={0};/* a[0]=a[1]=a[2]=a[3]=a[4]=a[5]=0,思考一下为什么? */

(2)隐藏数据长度并赋初值。如:

int a[]={3,4,5,7,8,9};/* 该语句执行后的结果就是 a[0]=3,a[1]=4,a[2]=5,a[3]=7,a[4]=8,a[5]=9。此时系统会根据给出数据个数自动确定数组这一维的长度 */

这里要说明的是,如果后边若干个元素都是 0,则在不写出数组长度情况下,所有的 0 都要列出。如,int a[]={3,4,5,0,0,0};

另外,如果数组仅有定义而没有初始化,数组内各个元素都有系统给的一个随机值,而不是空的。

【例 5-1】　一维数组初始化的比较。其中数组 a 中元素都进行了初始化,数组 b 中部分元素进行了初始化,数组 c 中元素未进行初始化。

```c
#include <stdio.h>
int main(void)
{
    int a[5]={2,3,4,5,6};
    int b[5]={9,11};
    int c[5],i;
    for(i=0;i<5;i++)
    {
        c[i]=a[i]+b[i];
        printf("a[%d]=%d\t b[%d]=%d\t c[%d]=%d\n",i,a[i],i,b[i],i,c[i]);
    }
    return 0;
}
```

执行结果如下:

a[0]=2 b[0]=9 c[0]=11

a[1]=3 b[1]=11 c[1]=14

a[2]＝4 b[2]＝0 c[2]＝4
a[3]＝5 b[3]＝0 c[3]＝5
a[4]＝6 b[4]＝0 c[4]＝6

可以看出,数组 a 和 b 初始化后,元素值是按照前边讲的方式进行一一对应的。而数组 c 在经过循环后,每个元素也都有了一个值。

5.1.3 一维数组的操作

我们通过几个例子来说明如何操作一维数组。

【例 5-2】 用一个数组 b[100]存储所有 1000～9999 之间左右对称的整数,如 1001, 3553 等,并按每行 10 个打印出来。

分析:首先要把 1000～9999 之间每个四位数的 4 个位全部分离出来做比较,如果千位和个位相等,百位和十位相等,则符合条件。打印出该数并存入数组。分离的 4 位数也可以暂时存在一个数组里以便比较。

代码如下:

```c
#include <stdio.h>
int main(void)
{
    int i,j=0,k,n=0,d;
    int a[4],b[100];
    for(i=1000;i<=9999;i++)   /* 每个 4 位数进行检查 */
    {
        d=i;
        for(k=0;k<4;k++)   /* 分离出每一位数,从低位到高位分别存入 a[0]～a[3] */
        {
            a[k]=d%10;
            d=d/10;
        }
        if(a[0]==a[3]&&a[2]==a[1])
        {
            printf("%5d",i);
            b[j++]=i;      /* 符合条件存入数组 b */
            n++;           /* 计数看看有多少个符合条件的 */
            if(n%10==0)  /* 满 10 个换行 */
                printf("\n");
        }
    }
    return 0;
}
```

请读者自己上机查看结果,并仔细体会下 a、b 这两个数组的用法。

【例 5-3】 输入 10 个数,找到其中的最大值和最小值的位置。最后倒序输出这些数。

分析:采用数组将 10 个输入的数据进行存储以便最后倒序输出。另外选取两个变量 max 和 min 存储最大值和最小值的位置。

```
#include <stdio.h>
int main(void)
{
    int a[10],i,min=0,max=0;
    for(i=0;i<10;i++)            /* 输入 10 个整数 */
    {
        printf("Please input an integer:\n");
        scanf("%d",&a[i]);
    }
    for(i=1;i<10;i++)            /* 判断并找出最大值和最小值的位置 */
    {
        if(a[i]>a[max])
            max=i;
        else if(a[i]<a[min])
            min=i;
    }
    printf("The max position is %d and the min position is %d",max,min);
    printf("\nReversed array:\n");
    for(i=9;i>=0;i--)
        printf("%d ",a[i]);
    return 0;
}
```

输入值:-5 4 2 13 72 -24 -6 18 1 -19

输出值:

The max position is 4 and the min position is 5

Reversed array:

-19 1 18 -6 -24 72 13 2 4 -5

可以看到,一组相同类型的数据集合要完成一个整体式的数据操作,如求最大值、倒序输出等,用数组是一个合适的选择。

5.2 字符串操作

文本是一种语言文字的表示形式,主要用于记载和存储文字信息,它可以是一个句子、一个段落或一个篇章。如何在计算机中存储文本信息,如何对文本信息进行各种各样的操作,是计算机科学中的一个重要的课题。到目前为止,我们对文本信息处理都是限于一些简单的字符常量和变量,一次只能处理单个字符。文本信息的处理不是面对单个的字符,而是由字符组成的字符串,因而,字符串是文本信息在计算机中的一种基本组织形式。在 C 语言中,char 型的数组是字符串的主要存储结构,因此,本节在对数组讨论的基础上,讨论如何用字符数组来表示字符串,以及字符串的一些特性和对字符串输入/输出操作的库函数。

5.2.1 字符串的格式化输入/输出

1. printf 函数与 scanf 函数

printf()和 scanf()两个函数均可被用来实现字符串的输入与输出,只需要在格式串中运用格式占位控制符"%s"即可。例如:

printf("%s\n",string);

实现了对字符串 string 的输出。

用 printf()函数对字符串进行输出,依赖于对字符串数组中的空字符"\0"的检测。当向 printf()函数传递一个包含空字符"\0"的字符数组时,函数逐一将数组的每个元素的值解析成字符并输出,当遇到了空字符"\0"时结束输出。所以处理字符串时,必须确保在每个字符串的末尾加入一个空字符"\0"。

scanf()函数可用于对字符串的输入。由于字符数组名代表了数组的首地址,所以不要对传递给 scanf()函数的字符串参量进行取地址运算,而直接使用字符串参量的名称即可。例如:

char ch[20];

scanf("%s",ch);

printf("%s",ch);

scanf("%s",ch)中的 ch 是一个字符数组的名称,它本身代表了字符数组的首地址,所以没有必要对其进行取地址运算。

scanf()函数获取字符串的输入方式与处理数值输入的方式十分类似。当函数扫描字符串时,会忽略字符串之前的空白字符(空格、制表符等)。函数会从第一个非空白字符开始,将遇到的字符逐个复制到字符串存储空间中,直至遇到一个空白字符而停止扫描,并在字符串的末尾加入一个空字符"\0"。用 scanf()输入字符串时,如果输入的字符数大于字符串空间允许的数量,就会发生溢出错误。

2. gets 函数与 puts 函数

空白符号往往是单词之间的间隔符号,它应该是字符串中的合法符号,而用 scanf()输入字符串时会忽略字符串中的空白符号,这样无法用 scanf()实现将一个英文句子输入计算机中。为了克服这个缺点,C 语言在 stdio.h 中提供了一个函数 gets()来输入含有空白的字符串。该函数的原型如下:

char * gets(char * str);

这个函数会将键盘上输入的一行字符串存储到 str 指向的字符串空间中,以换行为结束,并在字符串的末尾将换行替换为空字符"\0",函数的返回值为 str 指针的值,即字符串存储空间的首地址。例如:

```
char line[200];
gets(line);
```

如果程序执行到 gets()时,用户从键盘上输入了句子"This is a C program.",那么这个句子就会保存在字符数组 line 中,并在句子的末尾加入空字符"\0"。与使用 scanf()函数一样,如果输入字符串中的字符数大于数组允许的元素数,则 gets()函数也会发生溢出错误,所以编程时要保证数组的存储空间足够大。

在 stdio.h 中提供了另一个函数 puts()专门用来输出字符串,其原型如下:

```
int puts(char * str);
```

该函数把 str 指向的字符串输入标准输出设备上,并将字符串尾部的空字符"\0"转换成回车换行,若输出成功,则函数的返回值为 0,否则为非 0 值。

5.2.2 其他字符串操作函数

1. 字符串测长函数 strlen()

函数原型:int strlen(char * str);

函数功能:统计字符串有效字符的个数,也就是求字符串 str 的长度。方法是从字符串左端开始逐个字符进行计数,直至遇到"\0"为止("\0"不在计数范围内)。

返回值:字符串 str 字符的个数。

【例 5-4】　应用 strlen 求字符串长度。

```
#include "stdio.h"
#include "string.h"
int main(void)
{
    char src1[3]={""},src2[10]={"Hello"};
    char * src3="Hello";
    printf("%d\n",strlen(src1));
    printf("%d\n",strlen(src2));
    printf("%d\n",strlen(src3));
    getch();
    return 0;
}
```

例题说明:

(1)首先,程序声明了一个字符串和两个字符数组并分别赋予了初值,我们将字符串 src3 与字符数组 src2 赋予相同的初值。

(2)程序通过调用 strlen 函数分别求出三个变量字符的长度。在求字符长度时,返回的结果是有效字符的个数,因此虽然字符数组 src1 由 10 个字符变量组成,但初值为空串,因此长度为零,并不等于数组长度。由于字符串 src3 与字符数组 src2 赋予相同的初值,因此两者长度相同。

(3)最后将字符串或字符数组的长度值输出。

本例题的运行结果是：

0

5

6

【例 5-5】 输入一个字符串,统计其中的数字字符个数,并输出这个字符串(输入用 scanf()函数,输出用 printf()函数,输出格式控制用%s)。

分析:只要判断出某个字符是数字字符,就可以算到统计数里。

代码如下:

```c
#include "stdio.h"
#include "string.h"
int main(void)
{
  char str[60];
  int i,count=0;
  printf("please input a string:\n");
  scanf("%s",str);        /* scanf 输入字符串 */
  for(i=0;i<strlen(str);i++)        /* 从下标为 0 开始检查,到最后一个字符,长度
                                        用 strlen 函数取得 */
  {
  if(str[i]>='0'&&str[i]<='9')
    count++;
  }
  printf("The string is:\n %s \n",str);        /* printf 输出字符串 */
  printf("There are %d digits in the string.\n",count);
  return 0;
}
```

【例 5-6】 输入输出函数采用 gets(),puts()改写上例。

```c
#include "stdio.h"
#include "string.h"
int main(void)
{
  char str[60];
  int i,count=0;
  puts("please input a string:\n");   /* puts 参数可以是一个具体字符串 */
  gets(str);                          /* gets 参数可以是某个连续地址的开始 */
  for(i=0;i<strlen(str);i++)        /* 从下标为 0 开始检查,到最后一个字符,长度
                                        用 strlen 函数取得 */
  {
```

```
    if(str[i]>='0' && str[i]<='9')
      count++;
  }
  puts("\nThe string is:\n");
  puts(str);      /* puts 参数可以是某个连续地址的开始,此时输出从这个地址开始
                    的字符串 */
  printf("There are %d digits in the string.\n",count);
  return 0;
}
```

2. 字符串连接函数 strcat()

函数原型:char * strcat(char * dest,char * src);

函数功能:将两个字符串连接合并成一个字符串,也就是把字符串 src 连接到字符串 dest 后面,连接后的结果放在字符串 dest 中。

返回值:指向字符串 dest 的指针,或者说,数组 dest 的首地址。

【例 5-7】 应用 strcat 连接字符串。

```
#include "stdio.h"
#include "string.h"
int main()
{
  char dest[20]={""};
  char hello[10] ="hello",space[10]="",world[10]="world";
  strcat(dest,hello);
  strcat(dest,space);
  strcat(dest,world);
  printf("%s\n",dest);
  return 0;
}
```

例题说明:

(1)首先,程序声明了一个字符数组和三个字符串变量,将字符数组 dest 初始化位空串,其余三个字符串变量分别赋予初值。

(2)程序通过调用 strcat 函数实现字符串的连接,首先将字符串 hello 添加到字符数组 dest 的末端,此时字符数组 dest 的值有空串变为"hello",然后继续调用两次 strcat 函数,依次将字符串 space 和字符串 world 陆续连接到字符数组 dest 的末端,从而完成整个字符串的连接操作。

(3)最后将最终的结果输出。

本例题的运行结果是:

hello world

注意:本例题中,开始对字符数组 dest 初始化位空是必要的,对声明的变量进行初始化

是一个很好的习惯,如果不对字符数组 dest 进行初始化程序会产生运行错误,有兴趣的读者可以试试未初始化程序的输出结果。

3. 字符串复制函数 strcpy()

函数原型:char * strcpy(char * dest,char * src);

函数功能:实现字符串的拷贝工作,也就是把字符串 src 中的内容拷贝到字符串 dest 中,使两个字符串的内容相同。

返回值:指向字符串 dest 的指针。

【例 5-8】 应用 strcpy 实现字符串拷贝。

```c
#include "stdio. h"
#include "string. h"
int main(void)
{
    char dest[20]={""};
    char src[20]="Hello World";
    int result;
    strcpy(dest,src);
    printf("%s\n",dest);
    result=strcmp(dest,src);
    if(!result)
        printf("dest is equal to src");
    else
        printf("dest is not equal to src");
    return 0;
}
```

例题说明:

(1)首先,程序声明了一个字符串和一个字符数组并分别赋予了初值,整型变量 result 用于记录字符串子串的比较结果。

(2)程序通过调用 strcpy 函数将字符串 src 中的内容拷贝到字符数组 dest 中,使得两者具有相同的内容。为了验证两个变量中的内容是否真的一样,通过调用 strcmp 对两个字符串中的内容进行比较。

(3)最后将拷贝结果和比较结果输出。

本例题的运行结果是:

Hello World

dest is equal to src

注意:本例题中,向字符数组中赋值时要保证字符数组中有足够的空间,虽然有时候即便空间不够也会打印出正确的结果,但随着程序的运行,不能保证超出下标范围的部分还能以正确的形式存在。

4. 字符串比较函数 strcmp()

函数原型：int strcmp(char * str1,char * str2);

函数功能：比较两个字符串的大小，也就是把字符串 str1 和字符串 str2 从首字符开始逐字符地进行比较，直到某个字符不相同或比较到最后一个字符为止，字符的比较为 ASCII 码的比较。

返回值：若字符串 str1 大于字符串 str2，返回结果大于零，若字符串 str1 小于字符串 str2，返回结果小于零，若字符串 str1 等于字符串 str2，返回结果等于零。

【例 5-9】　应用 strcmp 比较字符串大小。

```
#include <string.h>
#include <stdio.h>
int main(void)
{
    char str1[10]="Canada",str2[10]="China",str3[10]="china";
    int result;
    result=strcmp(str1,str2);
    if(result<0)
        printf("%s is less than %s",str1,str2);
    else
        printf("%s is not less than %s",str1,str2);
    printf("\n");
    result=strcmp(str2,str3);
    if(result<0)
        printf("%s is less than %s",str2,str3);
    else
        printf("%s is not less than %s",str2,str3);
    return 0;
}
```

例题说明：

(1)首先，程序声明了三个字符串变量并分别赋予了初值，注意字符串 str2 和字符串 str3 的区别在于首字母是否大写，整型变量 result 用于记录字符串的比较结果。

(2)程序通过调用 strcmp 函数比较字符串 str1 和字符串 str2，在首字符相同的情况下第二个字符' a '的 ASCII 码小于' h '的 ASCII 码，因此比较结果为字符串 str1 小于字符串 str2，返回结果小于零。第二次调用 strcmp 函数比较字符串 str2 和字符串 str3，由于在 ASCII 码表中小写字母在后，小写字母的 ASCII 码大于大写字母，即' C '小于' c '，因此比较结果为字符串 str2 小于字符串 str3，返回结果小于零。

(3)最后将最终的结果输出，为了使输出结果一目了然，在两次比较中间的 printf 函数输出了一个换行。

本例题的运行结果是：

Canada is less than China

China is less than china

注意：本例题中，字符串的比较结果为首个两个不等字符之间 ASCII 码的差值，如果我们将第一次比较的结果 result 输出，应该是' a '的 ASCII 与码与' h '的 ASCII 码的差值，有兴趣的读者可以试试输出结果。

5.3 二维数组程序设计

二维数组可以表示矩阵、表格、棋盘等二维事物。

5.3.1 二维数组的定义及引用

二维数组的定义形式如下：

DataType ArrayName[RowNumber][ColNumber]

其中，DataType 为数组元素的类型，它可以是简单数据类型，也可以是复杂数据类型；ArrayName 为数组名，其后有两对方括号，表示该名称被定义成了二维数组；RowNumber 和 ColNumber 分别表示数组的行数和列数，且只能是整数类型的常量。例如：

double a[3][4];

表示这个二维数组有 3 行 4 列，总共 12 个元素，每个数组元素都是一个 double 类型的值。上述定义的二维数组可以表示一个 3 行 4 列的矩阵，如下所示：

a[0][0]	a[0][1]	a[0][2]	a[0][3]
a[1][0]	a[1][1]	a[1][2]	a[1][3]
a[2][0]	a[2][1]	a[2][2]	a[2][3]

图 5-2　二维数组示例

数组定义好后，数组中的元素可以通过指定行下标和列下标的方法来访问。其一般形式如下

ArrayName[RowSubscripting][ColSubscripting];

其中，ArrayName 是数组名；RowSubscripting 和 ColSubscripting 分别为数组元素所在的行下标和列下标表达式。无论是行下标还是列下标都是从 0 开始计数，所以，对一个 m 行 n 列的数组来说，最大行下标为 m−1，最大列下标为 n−1。下标表达式只能是一个整数类型的表达式，且必须用下标运算符"[]"括起来。

不过要注意，实际上数据在内存里的存储并不是这样的，仍然是线性结构，和前边讲的一维数组一样。我们这里只把前六个列出来，剩下的可以类推。这里我们可以认为，二维数组 a[m][n] 的线性存储按行优先，即先存第 0 行，然后是第 1 行……最后是第 m−1 行。

a[0][0]	a[0][1]	a[0][2]	a[0][3]	a[1][0]	a[1][1]	……

图 5-3　二维数组实际存储情况

从上图我们看到，a[1][0] 和 a[0][0] 在内存中差 3 个元素的空间。这个差我们可以计算出来：

假设前一个元素下标为(row1,col1),后一个元素下标为(row2,col2),则它们之间相差元素个数 distance＝&a[row2][col2]－&a[row1][col1]＝(row2－row1) * ColNumber＋(col2－col1)。

但是我们在编程时,可以把二维数组当作一个矩阵来处理。请大家注意实际存储和处理之间的区别。

同一维数组一样,二维数组的元素既可以出现在表达式中,又可以出现在赋值号的左边。例如:

a[1][3]＝2.3;

b＝a[1][3]＋a[2][3];

5.3.2　二维数组的初始化

二维数组也可以在定义时进行初始化。它的初始化通常按行将数据成组列出。对二维数组的初始化方法如下。

1. 对数组中的全部元素初始化。例如:

int a[3][4]＝{{2,3,1,5},{3,4,8,2},{4,7,8,9}};

其中,赋值号右边的初值列表用了两层花括号括起来,最外层的是整个初值列表的定界符,内层的第一对花括号是第 0 行初值列表定界符,第二对花括号是第 1 行的初值列表定界符,第三对花括号是第 2 行初值列表定界符。这种方式是按逐行赋值的方式进行的,虽然括号的层次多,但是概念清楚。对上述方式也可以简化如下:

int a[3][4]＝{2,3,1,5,3,4,8,2,4,7,8,9};

这种方式是将所有的初值放在一个花括号内,在数值分配时根据列数将其中的数据每 4 个为一组,每组依次分配给各行的 4 个元素。

2. 对每行的前几个元素初始化,其余元素初始化为 0。例如:

int a[3][4]＝{{2},{3,4},{4,7,8}};

这个语句只对第 0 行的第 0 列元素、第 1 行的前两个元素、第 2 行的前三个元素初始化了非零的值,其余的元素赋初值为 0。

3. 将元素全部初始化为 0。例如

int a[3][4]＝{0};

4. 由初值的个数确定二维数组的行数,这种赋初值的方式不指定二维数组的行数,只指出列数。在编译时,系统会根据二维数组的列数以及初值的个数自动计算出行数。例如:

int a[][4]＝{2,3,1,5,3,4,8,2,4,7,8,9};

int b[][4]＝{{2,3,1,5},{3,4,8,2},{4,7,8,9}};

这种方式也可以对部分元素赋初值,但必须采用按行赋值的方式。例如:

int a[][4]＝{{2,3},{},{4,7,8,9}};

这样的写法,在编译时能够构造出一个 3 行 4 列的二维数组,第 0 行的前两个元素赋了初值 2 与 3,其余元素为 0,第 1 行的元素全部为 0,第 2 行的元素分别为 4,7,8,9。

【例 5-10】　找出一个 4 行 3 列数组中的最大元素和最小元素。

程序代码如下:

```
#include "stdio.h"
void main()
{
    int a[4][3]={{6,2,3},{4,5,1},{7,15,8},{10,11,9}};  /* 定义并初始化数组 */
    int Max,Min;                /* Max,Min 分别用于存放最大值和最小值 */
    int i,j;                    /* i 控制行下标,j 控制列下标 */
    Max=Min=a[0][0];           /* 最大元素与最小元素的初始值为 a[0][0] */
    for(i=0;i<4;i++)           /* 该双重循环用于查找最大元素和最小元素 */
    {
        for(j=0j<3;j++)
        {
            if(a[i][j]>Max) Max=a[i][j];
            else if(a[i][j]<Min) Min=a[i][j];
        }
    }
    printf("Max=%d   Min=%d\n",Max,Min);
}
```

程序中的第 4 行表示对数组元素进行初始化;第 7 行表示对存储最大值与最小值的变量进行初始化,其初始值必须是数组中的值,这里用的是 a[0][0];第 8 到 15 行表示运用变量 i 和 j 分别作行下标和列下标,在二重循环的控制下逐行逐列地扫描二维数组中的各个元素来找出元素的最大值与最小值。

5.4 数组应用程序设计举例

5.4.1 排序

【例 5-11】 用冒泡法对 10 个整数进行从小到大排序(为方便调试,十个数在程序里直接给出)。

分析:冒泡法从小到大排序的基本思路就是每次比较相邻的两个数,小的换到前边,大的换到后边。每一轮确定一个本轮最大的数。我们拿 6 个数为例,讲一下前两轮的操作。在图 5-4 中,第一次是 36 和 22 相比,36 更大,两数交换,小的"上浮",大的"下沉"。如此进行 5 次比较,如果前边的数大,则两数进行交换。第一轮过后,最大值 36 被找到,并已经放在了最后一个位置了。下一轮比较时就可以不用管 36 这个数了。第二轮仍然从第一个位置开始对相邻两数进行比较,这次经过 4 轮比较,可以把第 2 大的数确定下来。这样,如果有 n 个数进行排序,要进行 n-1 轮比较,并且第 i 轮要比较 n-i 次。

第一次	36	22	17	20	9	32
第二次	22	36	17	20	9	32
第三次	22	17	36	20	9	32
第四次	22	17	20	36	9	32
第五次	22	17	20	9	36	32
结　果	22	17	20	9	32	36

图5-4　冒泡排序第一轮比较

第一次	22	17	20	9	32
第二次	17	22	20	9	32
第三次	17	20	22	9	32
第四次	17	20	9	22	32
结　果	17	20	9	22	32

图5-5　冒泡排序第二轮比较

代码如下：

```c
#include <stdio.h>
int main(void)
{
    int a[10]={12,14,5,46,31,22,19,29,37,62};
    int i,j,temp;
    for(i=0;i<9;i++)          /* 循环轮数 0~8,共 9 次 */
    {
        for(j=0;j<9-i;j++)    /* 每次比较 9-i 个数据 */
        {
            if(a[j]>a[j+1])        /* 前边的数比后边的数大,则交换 */
            {
                temp=a[j];
                a[j]=a[j+1];
                a[j+1]=temp;
            }
        }
    }
    printf("The sorted numbers are:\n");
    for(i=0;i<10;i++)
        printf("%d",a[i]);
    return 0;
}
```

【例 5-12】　用选择排序法对 10 个整数进行从小到大排序(为方便调试,10 个数在程序里直接给出)。

分析：做法步骤为,第一轮从数组第一个元素 a[0] 到 a[9] 中选出最大元素,并记录下标,然后将该元素和 a[9] 对调。这样最大的数就已经放在了末尾。然后再从 a[0] 到 a[8] 中选出最大元素,记录下标,并将该元素和 a[8] 互换。以此类推,最终可以完成 10 个数的升序排序。

代码如下：

```c
#include <stdio.h>
int main(void)
```

```
{
    int a[10]={12,14,5,46,31,22,19,29,37,62};
    int i,j,temp,max;
    for(i=0;i<10;i++)
    {
        max=0;              /* 每轮循环开始时把记录最大值下标的变量置 0 */
        for(j=0;j<10-i;j++)
        {
            if(a[j]>a[max]) /* 找到一个更大的元素 */
            max=j;
        }
        if(max!=9-i)        /* 最大值不在本轮末尾,则和末尾数值进行交换 */
        {
            temp=a[max];
            a[max]=a[9-i];
            a[9-i]=temp;
        }
    }
    printf("The sorted numbers are:\n");
    for(i=0;i<10;i++)
        printf("%d",a[i]);
    return 0;
}
```

5.4.2 查找

【例 5-13】 用折半查找法在一组有序排列的数据中查找一个指定的数,找到了则给出该数的位置,否则提示"not exist"。

分析:我们以升序为例讲解并写代码。该查找法是每次要把查找的数与待查数据范围的中间数据进行比较。这样的话,情况有 3 种:

(1)相等,证明查找成功。

(2)比中间数据小,说明如果存在待查数据,它会在该中间数据左边。

(3)比中间数据大,说明如果存在待查数据,它会在该中间数据右边。

如果是情况(2)或者(3),则继续进行查找。我们可以定义几个界限值来确定每次查找的范围。left 表示要找区间的左下标,right 表示要找区间的右下标,mid 表示要找区间中间的下标(mid=(left+right)/2)。

代码如下:

```
# include <stdio.h>
int main(void)
```

```
{
    int a[13]={-5,-3,-2,-1,0,4,7,11,13,15,20,23,27};
    int left=0,right=12,mid,x;
    printf("Please input the number you want to search:\n");
    scanf("%d",&x);
    while(left<right)
    {
        mid=(left+right)/2;
        if(x>a[mid])
            left=mid+1;
        else if(x<a[mid])
            right=mid-1;
        else
            break;
    }
    if(left>right)
        printf("not exist\n");
    else
    {
        printf("The number is found!Its position is %d",mid+1);
    }
    return 0;
}
```

【例 5-14】 用顺序查找法编程实现 x∈S(假设 S 中的数据均为整数)。

分析:

x∈S是判断元素 x 在集合 S 中的一种抽象的数学表示,在人工计算时,从集合 S 列表的最左端开始,将 x 的值从左到右逐个地与 S 中的元素比较,当遇到某个元素的值与 x 相等时,则说明 x 是 S 的元素,当比较完所有的元素都没有找到与 x 值相等的元素时,则说明 x 不是 S 的元素。

把 S 中所有元素都放入一个数组中,直接用 x 和每个元素相比较即可。

表示集合的数组放在主函数 main()中,假设表示集合的数组为:

int S[9]={8,6,3,2,4,5,7,1,9};

完整程序代码如下。

```
#include <stdio.h>
int main(void)
{
    int S[9]={8,6,3,2,4,5,7,1,9};
    int x=5,i,in=0;  /* in 变量是判断 x 是否在数组里边的标记,in=1 则在,否则不
```

在。默认不在 */

```
for(i=0;i<9;i++)
{
    if(x==S[i])
        in=1;
}
if(in)
    printf("%d is in the set S\n",x);
else
    printf("%d is not in the set S\n",x);
return 0;
}
```

5.4.3 使用数组管理学生成绩

【例 5-15】 用数组进行统计计算。从键盘输入 N 个人的某门课考试成绩(设 N=10),并将成绩存入到一维数组中,然后求出总成绩和平均分。

程序代码如下:

```
#include "stdio. h"
#define N 10
void main()
{
    double a[N]={0.0};        /* 定义存储成绩的数组并初始化全部元素为 0.0 */
    double sum=0,average;     /* sum 为总分,average 为平均分 */
    int i;
    for(i=0;i<N;i++)          /* 此循环控制成绩的输入 */
    {
        printf("Please enter the %d people\'s result>>",i);
        scanf("%lf",&a[i]);
    }
    printf("\n");
    for(i=0;i<N;i++)          /* 此循环控制求出总成绩 */
        sum=sum+a[i];
    average=sum/N;            /* 求平均分 */
    printf("sum=%.2lf,average=%.2lf\n",sum,average);
}
```

程序说明:

程序中的第 5 行定义了一个具有 N(N=10)个 int 型元素的数组 a,并将其值全部初始化为 0.0;第 8 到 12 行在循环控制下通过键盘为每个元素输入数据;第 14、15 行在循环控制下将数组中的所有值累加到变量 sum 中;第 16 行求平均成绩。

5.4.4 矩阵运算

【例 5-16】　从下列矩阵中找出每列最小值,并将这些最小值按找到的顺序存入一个一维数组:

$$\begin{bmatrix} 47 & 19 & 23 \\ 53 & 7 & 67 \\ 29 & 11 & 37 \end{bmatrix}$$

分析:矩阵用二维数组存储,用二重循环扫描该数组,再定义一个一维数组用来存储每次找到的数据。

```c
#include <stdio.h>
int main(void)
{
    int a[3][3]={47,19,23,53,7,67,29,11,37};
    int i,j,min,b[3];        /* i,j 分别为列和行下标的循环变量 */
    for(i=0;i<3;i++)
    {
        j=0;
        min=a[j][i];
        for(j=1;j<3;j++)            /* 找出每列最小值 */
        {
            if(a[j][i]<min)
            min=a[j][i];
        }
        b[i]=min;            /* 最小值存入数组 */
    }
    printf("The result is:\n");
    for(i=0;i<3;i++)
        printf("%d",b[i]);
    return 0;
}
```

【例 5-17】　用二维数组实现下列 4 * 4 矩阵的转置、相加以及相乘运算。

$$M1=\begin{bmatrix} 2 & 4 & 6 & 9 \\ 3 & 6 & 7 & 5 \\ 4 & 1 & 9 & 8 \\ 8 & 5 & 3 & 7 \end{bmatrix}, M2=\begin{bmatrix} 3 & 5 & 6 & 9 \\ 2 & 6 & 7 & 5 \\ 4 & 1 & 8 & 0 \\ 8 & 2 & 4 & 7 \end{bmatrix}$$

分析:矩阵采用二维数组进行存储。

转置运算分析:由于转置矩阵是将原矩阵以主对角线为轴进行旋转的,转置后的元素 b_{ij}

＝a_{ji}，这个算式用数组可以表示为 b[i][j]＝a[j][i]，则一个矩阵的转置可以用如下的算法来实现：

```
for(i=0;i<4;i++)
    for(j=0;j<4;j++)
        b[i][j]=a[j][i];
```

在实际编写程序时，可以将这个算法封装到一个函数中，由函数来实现两个矩阵的转置。

矩阵加法运算分析：两个矩阵相加，是将两个矩阵的对应元素相加，即 $c_{ij}＝a_{ij}＋b_{ij}$，用数组可以表示为 c[i][j]＝a[i][j]＋b[i][j]，那么整个矩阵的加法运算可以表示为：

```
for(i=0;i<4;i++)
    for(j=0;j<4;j++)
        c[i][j]=a[i][j]+b[i][j];
```

将这个算法封装到一个函数中，即可实现矩阵的加法运算。

矩阵乘法运算分析：由于矩阵 M1 的列数与 M2 的行数相同，所以这两个矩阵可以相乘，其结果矩阵 M3 的行数为 M1 的行数，列数为 M2 的列数，结果中的元素为：

$$c_{ij}＝a_{i0}＋b_{0j}＋a_{i1}b_{1j}＋a_{i2}b_{2j}＋a_{i3}b_{3j}＝\sum_{k=0}^{3}a_{ik}b_{kj}$$

计算结果矩阵中元素的表达式用数组可以表示为：

c[i][j]＝a[i][0]＊b[0][j]＋a[i][1]＊b[1][j]＋a[i][2]＊b[2][j]＋a[i][3]＊b[3][j];

此运算在编写程序时可以用一个循环语句来完成，即

```
for(k=0;k<4;k++)
    c[i][j]=c[i][j]+a[i][k]*b[k][j];
```

而为了求结果矩阵中的全部元素，可以将上述循环放进一个二重循环中完成，即

```
for(i=0;i<4;i++)
    for(j=0;j<4;j++)
        for(k=0;k<4;k++)
            c[i][j]=c[i][j]+a[i][k]*b[k][j];
```

在实际编写程序时，可将不同功能封装到不同函数中。用函数来完成这些功能，并可以进行反复调用，才是最好的解决办法。读者可以在学习函数和指针后自己完成。这里对于转置、相加和相乘都采用了不同的矩阵存储。但矩阵在二维数组内部转置的题目很常见，请读者自己思考。

代码如下：

```
#include "stdio. h"
#define ROW 4          /* 宏常量 ROW 表示最大行数 */
#define COL 4          /* 宏常量 COL 表示最大列数 */
int main(void)
{
    int Matrix1[ROW][COL]={{2,4,6,9},{3,6,7,5},{4,1,9,8},{8,5,3,7}},
    Matrix2[ROW][COL]={{3,5,6,9},{2,6,7,5},{4,1,8,0},{8,2,4,7}},
```

```
Matrix3[ROW][COL]={0},       /* 用于存储转置矩阵 */
Matrix4[ROW][COL]={0},       /* 用于存储两个矩阵相加的结果 */
Matrix5[ROW][COL]={0};       /* 用于存储两个矩阵相乘的结果 */
int i,j,k;
for(i=0;i<ROW;i++)           /* 转置 Matrix1 */
  for(j=0;j<COL;j++)
  {
    Matrix3[j][i]=Matrix1[i][j];
  }
for(i=0;i<ROW;i++)       /* Matrix1+Matrix2 */
  for(j=0;j<COL;j++)
  {
    Matrix4[i][j]=Matrix1[i][j]+Matrix2[i][j];
  }
for(i=0;i<ROW;i++)       /* Matrix1 * Matrix2 */
  for(j=0;j<COL;j++)
    for(k=0;k<COL;k++)
    {
      Matrix5[i][j]=Matrix1[i][k]+Matrix2[k][j];
    }
printf("Matrix1:\n");         /* 打印出 Matrix1,以下类似 */
for(i=0;i<ROW;i++)
{
  for(j=0;j<COL;j++)
  {
    printf("%3d",Matrix1[i][j]);
  }
  printf("\n");
}
printf("Matrix2:\n");
for(i=0;i<ROW;i++)
{
  for(j=0;j<COL;j++)
  {
    printf("%3d",Matrix2[i][j]);
  }
  printf("\n");
}
```

```
    printf("Matrix3:\n");
    for(i=0;i<ROW;i++)
    {
      for(j=0;j<COL;j++)
      {
        printf("%3d",Matrix3[i][j]);
      }
      printf("\n");
    }
    printf("Matrix4:\n");
    for(i=0;i<ROW;i++)
    {
      for(j=0;j<COL;j++)
      {
        printf("%3d",Matrix4[i][j]);
      }
      printf("\n");
    }
    printf("Matrix5:\n");
    for(i=0;i<ROW;i++)
    {
      for(j=0;j<COL;j++)
      {
        printf("%3d",Matrix5[i][j]);
      }
      printf("\n");
    }
    return 0;
}
```

本章任务解答

1. 思路:简单来说,回文就是一个首尾对称的字符串。那么我们可以先判断出字符串长度,设置首尾两个下标,比较首尾字符是否一样。之后两个下标同时缩进一个字符,比较结果一样则继续缩进,直到两个下标相遇为止。循环结束后,原来首部下标如果大于尾部下标,即全部字符都已经比较过了,则是回文,否则就不是。这里我们为了对比较位置认识更深刻,加了一个在第几轮比较是相同结果的条件语句。

```
# include <stdio. h>
```

```c
#include <string.h>
int main(void)
{
    char str[20]={"abcdabcddcbadcba"};
    int i,len,tail;
    len=strlen(str);
    tail=len-1;
    for(i=0;i<=tail;i++,tail--)
    {
        if(str[i]==str[tail])/* 如果本轮比较结果相同则输出提示 */
        {
            printf("%d round is same\n",i);
            continue;
        }
        else
        {
            break;
        }
    }
    if(i>tail)
        printf("It is a palidrome.\n");
    else
        printf("Not palidrome!\n");
    return 0;
}
```

2. 思路:主对角线的行列下标正好相等。主对角线下方的数特点是行下标比列下标大。这样就可以准确定位要清零的数据了。

```c
#include <stdio.h>
int main(void)
{
    int a[3][3]={3,2,1,4,5,6,9,8,7},i,j;
    for(i=0;i<3;i++)
    {
        for(j=0;j<3;j++)
            if(i>j)
                a[i][j]=0;
    }
    for(i=0;i<3;i++)
```

```
    {
        for(j=0;j<3;j++)
        {
            printf("%d",a[i][j]);
        }
        printf("\n");
    }
    return 0;
}
```

 小结

本章介绍了一维数组的定义和应用,用数组处理字符串的最初步方法,以及在一维数组基础上扩展而成的二维数组的定义和应用。这部分对于 C 语言的编程来说是很重要的。希望读者能够从定义和调用,以及实际存储情况等多个方面综合理解,为后边的知识点的学习做好准备。

 习题

1. 一个数组内存放 8 个学生的英语成绩,打印出平均分及高于平均分的成绩。
2. 输入一个英文字符串(包括空格,到回车为止,长度小于 60),要求统计如下指标:
(1)字符串长度;
(2)统计字符串内大写字母、小写字母、数字各有多少。
3. 打印如下形式的杨辉三角形,

```
            1
            1   1
            1   2   1
            1   3   3   1
            1   4   6   4   1
            1   5   10  10  5   1
```

输出前 10 行,用二维数组实现。
  4. 打印出如下螺旋形规律排列数字的 7 * 7 矩阵。另外,思考下类似的 10 * 10 的矩阵,你能不能打印出来?

$$a = \begin{pmatrix} 1 & 2 & 3 & 4 & 5 & 6 & 7 \\ 24 & 25 & 26 & 27 & 28 & 29 & 8 \\ 23 & 40 & 41 & 42 & 43 & 30 & 9 \\ 22 & 39 & 48 & 49 & 44 & 31 & 10 \\ 21 & 38 & 47 & 46 & 45 & 32 & 11 \\ 20 & 37 & 36 & 35 & 34 & 33 & 12 \\ 19 & 18 & 17 & 16 & 15 & 14 & 13 \end{pmatrix}$$

5. 用数组完成如下功能：从键盘输入一个字符串，统计出其中的单词数。这里对单词的定义比较宽松，它是任何其中不包含空格、制表符或换行符的字符序列。

第6章 函 数

本章导读

现实中,要完成一个简易的飞机玩具可能只要十几道或者数十道工序即可,一个人完全可以胜任。但是要生产一架真实的飞机则需要数十万个零部件,绝非单个人可以完成,取而代之的是数十个部门,成千上万个人的通力配合与协作。编写程序亦是如此,解决现实问题、满足用户需求的大多数程序动辄上万行。如果这些代码都写在 main 函数中,正如把成千上万个人安排在一个部门,可以想象其中的管理难度。实际上公司是根据需要设置多个部门,采取分而治之的策略。经验表明,开发和构建大型程序时首先也是将要解决的问题分解成若干个小问题,然后再用程序片段实现,这个程序片段也称作构成程序的模块,组织这种程序片段的形式就是函数。通过设计、实现若干个函数来运行和维护大型程序。

所以,函数是指完成一个特定工作的独立程序模块,它是 C 语言程序的基本组成单元。每个 C 语言程序都是由一个或者一个以上的函数组成的,如每个程序必须包括的 main()函数。函数可以把大的计算任务分解成若干个较小的任务,使编程更为简单。本章详细讲解 C 语言程序设计中函数的相关知识。

主要知识点

1. 理解利用函数构建模块化程序的思维
2. 掌握函数的定义、调用
3. 掌握 C 标准库函数中的函数应用
4. 掌握编译预处理的机制与应用

6.1 函数的定义、调用和声明

函数的使用主要分为三个步骤:
(1)首先要定义函数,即编写函数的主体,实现函数的功能;

(2)定义函数完成以后,在 main()或其他函数中调用这个函数执行相应计算或实现特定功能;

(3)如果被调函数在主调函数之后,则调用之前还要对函数进行声明。

6.1.1 函数的定义

函数定义的一般形式如下:

```
函数类型   函数名(形参表)        //函数首部
{                               //函数体
    声明部分语句序列
    执行部分语句序列
    return 语句   //可选
}
```

函数定义包括两个部分:函数首部和函数体。函数定义的第一行是函数首部,包括函数类型、函数名和函数的参数列表。函数定义最外层两个大括号括起来的是函数体。函数体包括声明部分和执行部分。在需要将计算结果带回主调函数的时候,还要使用 return 语句。

说明

1. 函数类型

(1)函数类型又称函数返回值类型,是指函数体执行结束时返回的值的数据类型,应与 return 语句中表达式的类型一致。当两者不一致时,以函数类型为准。

(2)若函数不需要返回值或者没有返回值,函数类型为 void,函数主体中不需要写 return 语句。

(3)函数返回值类型默认为 int,即当函数返回值类型不写时,返回值类型为 int 型,而不是没有返回值,请注意区分。

2. 函数名

函数名是函数的唯一标识,它的命名要求与前面章节的变量命名要求一样,建议遵守"见名知意"的原则。

3. 形参表

(1)形参表格式为:

类型 1   参数 1,类型 2   参数 2,…,类型 n   参数 n

(2)参数之间用逗号分隔,每个参数前面的类型都必须分别写明;参数的类型没有限制,任何可用类型即可,不同参数可以是不同类型。

(3)参数的个数并无明确的数量限制,可以为空,即没有参数,称之为无参函数,但是函数后面的括号不能省略;用户也可以根据需要定义。不过不建议有过多的参数,不然会导致函数太过复杂,不易理解和维护,使用也麻烦。

(4)形参的括号后面不能加分号。

4. 函数体

(1)函数体可以为空,表示什么工作也不做,没有实际作用,称之为空函数。在写程序的开始阶段,将需要扩充功能的地方写上空函数,在编写程序的后期,再用完整的函数替代它。

（2）return 语句只能返回一个值,形式可以为常量,也可以为变量或表达式。

【例 6-1】 计算两个整数的和的函数。

```
int getSum(int a,int b)
{
    int c=a+b;
    return c;        //返回 c 的值到主调函数的地方
}
```

这里定义了一个名为 getSum 的函数,它有两个参数,返回值和参数类型均为 int,功能是求两个 int 类型数据的和。

如何根据需要定义合适的函数是学习计算机语言中必须掌握的基本功,是重点,也是难点。首先,定义函数肯定是为了实现或达成某个功能而定义的,绝不能构造无任何意义或功能的函数,因此,可以将定义函数理解成为实现某个目标而制订的实施方案。例如为了实现下一季度的销售量提升而制订一个营销方案,其中函数类型就相当于方案实施后达成的结果类型,例如是销售额还是销售量;而函数名就相当于方案的名称,形参列表就相当于方案实施前必须满足的前提条件,例如制订方案时必须考虑到预算有多少钱、多少人、多少物等信息;函数体就是方案的具体实施细节了。

【例 6-2】 定义一个函数实现两个整型变量值的交换。

分析:

函数类型:结果实现变量值的交换结果,无需返回值,可以设置为 void。

函数名:根据"见名知意"的原则,命名为 swap,即交换的意思。

参数类型:目标是交换两个变量的值,前提是必须先要有两个变量,所以,假设就是 int a 和 int b。

函数体:交换两个变量值的过程,实现步骤如下:

（1）定义临时用的第三个变量。

（2）将第一个变量的值暂时存储到第三个变量中。

（3）将第二个变量的值赋值给第一个变量。

（4）将第三个变量的值赋值给第二个变量,因为第三个变量存储的是原来第一个变量的值,所以,至此就完成了两个变量的最终交换。

代码如下:

```
void swap(int a,int b)
{
    int temp;
    temp=a;
    a=b;
    b=temp;
    printf("\n change result is a=%d,b=%d",a,b);
}
```

6.1.2 函数的调用

定义一个函数正如制订一个方案,方案制订的目的是为了执行并实现目标,函数定义的目的是为了可以在程序中调用这个函数并得到预定结果。

1. 函数调用格式

函数调用的一般格式如下:

函数名(实际参数表);

说明:

(1)函数调用和函数定义的区别:调用时,实参列表不需要参数类型,实际参数可以是简单变量,也可以是常量;而在函数定义时,参数类型一定不能省略。

(2)如果函数有返回值,则在遇到 return 时,返回到调用的地方,并带回结果;如果函数没有返回值,则在遇到函数体的后一半花括号时,返回到调用的地方。

【例 6-3】 调用函数 getSum()的 main()。

```
#include<stdio.h>
main()
{
    int x=15,y=30;
    int sum=getSum(x,y);        //这里调用函数 getSum()
    printf("\n%d+%d=%d \n" x,y,sum);
}
```

程序解析:

(1)在例题 6.3 中函数体的第 2 行,将变量 x 和 y 的值作为参数传递给了 getSum()函数,接着开始执行 getSum(),且把 x 与 y 的值复制给 getSum 定义的参数 a 与 b,这个就是参数传递。函数定义时的参数叫形式参数,简称形参,因为定义时,参数并无具体或实际的值,所有形参又称虚参;调用者提供的参数叫实际参数,简称实参,因为提供了实际的值。

(2)实参的数量必须与形参相等,他们的类型必须匹配,如果不一致,会自动转换为形参的类型,实参与形参有各自独立的存储空间,所以实参的值不会受被调函数的影响。

2. 函数调用流程

(1)程序从 main 函数开始执行,当遇到函数调用时,为被调函数分配存储空间,将实际参数复制给形参变量。

(2)主调函数暂停执行,转而执行被调用的函数。

(3)被调函数执行完成后(遇到 return 语句或函数的右边花括号),返回主调函数,释放被占用的内存空间,从主调函数原先暂停的位置继续执行。

函数调用流程图如图 6-1 所示。

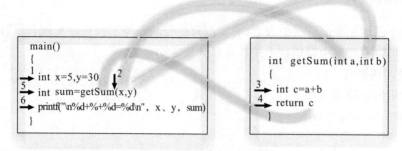

图 6-1　函数调用流程示意图

3. 函数调用方式

函数调用主要有以下 3 种方式：

（1）函数语句

把函数调用作为一个单独的语句，通常用在不需要返回值，只执行特定操作的函数调用中，例如：

printf("please input you name:");　　//没有要返回值

（2）函数表达式

主要针对有返回值的函数，可以将函数调用作为一个表达式的一部分，例如：

sum＝sum＋getSum(3,3);

（3）函数参数

主要针对有返回值的函数，可以将函数调用作为其他函数的参数，例如：

getSum(getSum(3,2),6);　　//getSum(3,2)作为 getSum 函数的第一个参数

6.1.3 函数的声明

C 语言要求函数先定义后调用，即被调函数的定义要放在主调函数之前，就像变量要先定义后使用一样。如果函数定义放在主调函数之后，就需要在函数调用前加上函数声明。如果函数调用之前，既不定义，也不声明，程序编译时会出现错误：函数未定义。

函数声明的一般格式为：

函数类型　函数名(形参表);

例如：

int getSum(int a,int b);

注意：

（1）函数声明又称为函数原型，目的是把函数的类型，名称和形参的类型、顺序、个数通知编译系统，以便在函数调用时可以对照原型进行检查，确认其调用是否合法。

（2）函数声明的内容包括函数定义中的函数首部，并以分号结束即可。

（3）函数声明是一条语句，必须以分号结束，注意与函数定义时的区别。

（4）函数声明中，形参类型不能省略，但是参数名可以省略。

【例 6-4】　getSum()函数定义和调用的另一种写法。

```
#include<stdio. h>
int getSum(int a,int b);        //函数声明
main()
{
    int x=15,y=30;
    int sum=getSum(x,y);     //这里调用函数 getSum()
    printf ("\n%d 与%d 的和为%d \n" x,y,sum);
}
int getSum(int a,int b)
{
    int c=a+b;
    return c;                    //返回 c 的值到主调函数的地方
}
```

程序解析：上述程序中，因为程序从上往下执行，在 main 中调用了 getSum 函数，而 get-Sum 函数的定义在 main 函数之后，所以必须在调用之前进行声明。

6.2 函数的分类

函数是构成 C 语言程序的基本单位，任意一个 C 语言程序都是由一个 main 函数和其他若干个函数组成的。程序员可以直接调用系统定义好的函数，也可以自己定义函数，然后进行调用。

函数之间是平等的，只有 main() 函数稍微特殊一点，因为 C 程序的执行都是从 main 函数开始，即 main 函数是程序执行的起点。main 函数中调用其他函数，调用结束后返回到 main 函数，最终在 main 函数中结束程序的执行，因此，它也是程序执行的终点。

1. 从用户使用的角度

从用户使用的角度看，函数可分为两种：

(1)标准函数：即库函数。这些函数已经定义好，不需要用户编写，可以直接调用。如格式输出函数 printf()，求平方根函数 sqrt() 等。程序员在调用前需要了解函数的功能，以便选择合适的函数。另外，也要关注函数的原型，才能正确地调用函数。

(2)自定义函数：用户也可以根据程序需要自己定义新的函数，称之为自定义函数。尽量不要去重复定义标准函数中已经有的函数，避免重复造轮子。

2. 从调用关系的角度

根据函数的调用关系，可以把函数分为两种：

(1)主调函数：调用其他函数的函数

(2)被调函数：被其他函数调用的函数。

3. 从函数形式的角度

从函数的形式看，函数分为两类：

(1)无参函数：即没有参数的函数。

（2）有参函数：即包含一个或多个参数的函数。

6.3 函数间的参数传递

函数的参数分为两种：形式参数和实际参数，简称形参和实参。在定义和声明中，函数参数只有变量类型和名称，是形式参数；而在函数调用中，函数的参数可以是常量或者变量，是实际参数。在函数调用语句中要求实参个数和顺序必须与函数定义中的形参类型和个数一致，否则编译时会发生类型不匹配的错误。

根据函数调用时从实参到形参的传递内容类型，参数传递主要分为两种类型：单向值传递和地址传递。

6.3.1 单向值传递

如果形参是普通的变量，则从实参到形参的数据传递方式是值传递，而且是单向的传递。在传递过程中，将实际参数的值复制给形参，所以，如果形参的值在被调函数中被修改，不会将修改后的值带回主调函数，因为他们是单向传递，而且实参和形参存储在不同的空间中。

【例 6-5】 交换两个变量的值。

```
#include<stdio.h>
void swap(int a,int b)
{
    int temp;
    temp=a;
    a=b;
    b=temp;
    printf("\n change result is a=%d,b=%d",a,b);
}
void main()
{
    int x=12,y=13;
    swap(x,y);
    printf("\n last result is x=%d,y=%d",x,y);
}
```

程序执行的结果如下：

change result is a=13,b=12

last result is x=12,y=13

程序解析：程序从 main 函数开始执行，首先第一条定义了两个变量 x 和 y，编译时从内存中分配两个存储空间并将初始值存入；紧接着调用 swap 函数，随即转入 swap 函数的执行；先给 swap 的形参 a 和 b 分配存储空间（定义函数时形参不分配内存空间），然后进行值传递操作,按照参数顺序,将 x 的值传递给 a,将 y 值传递给 b;此后定义了临时变量 temp,编译时同样给 temp 分配存储空间;随后按照交换的三条语句,先把变量 a 的值传递给 temp,在把 b 的值传递给 a,最后把 temp 的值传递给 b,最终实现 a 和 b 的值交互,得到最后结果。右下图可以明确地发现,函数间的参数发生值传递时,因为存储空间的不一致,所以形参和实参之间不会相互影响。

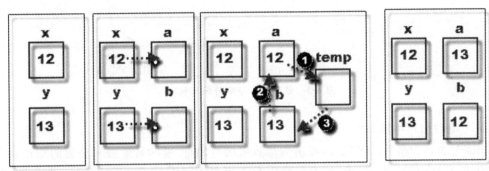

图 6-2　值传递示意图

6.3.2 一维数组的地址传递

在前面所讲从实参到形参的"单向值传递",形参无法将值回传给实参,说明被调函数中对形参值的改变不会影响到主调函数中对应的实参值。但如果要在被调函数中修改主调函数中变量的值,甚至是多个变量的值时,该如何处理呢?

实际上,在 C 语言中提供了实参到形参的"地址传递"方式可以很好地解决上述问题。主调函数中的实参将需要修改的变量的地址传递给被调函数的形参,则形参和实参的地址都指向相同的存储空间。一旦被调函数修改了该存储空间的值,则主调函数读取该空间的值时,也将是读取修改后的值,如此便解决了被调函数修改主调函数中变量值的问题。

截至目前,我们所讲的知识中只有数组名代表地址信息,后面章节中将讲述的指针也代表地址信息。所以,本节主要讲解通过数组来传递参数。

1. 数组的内存空间分配与管理

在 C 语言中,执行到定义数组语句时,编译系统会根据数组的数据类型和宽度分配一块连续的存储空间,其中,数组名代表数组的所分配到的空间的首地址,即第一个元素的存储地址。

内存的空间的管理规则是以字节为单位进行空间分配和管理,每个空间都有相应的地址值,注意地址值与空间里面存放的值是两个不同概念。如图 6-3 所示,左侧 main 函数中第一条语句定义了数组 a,数据类型为整型,宽度为 3,则根据每个整型数据占用 2 个字节存储空间,3 个元素共需 6 个字节的连续存储空间。假设分配给数组 a 的空间的首地址是 1001,则该数组的元素存放空间和地址信息如图 6-3 的右侧所示,不带任何下标的数组名 a 代表的是数组空间首地址的值,即 1001,也就是第一个元素 a[0] 存储的首地址。

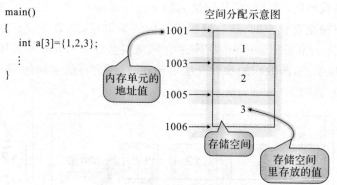

图 6-3　数组内存空间分配与管理

2. 一维数组作函数参数

用数组名作为函数的参数时,传递的是数组的首地址,意味着形参和实参的地址相同,即共用同一段内存空间。因此,修改形参内存空间存放的值实际就是对实参内存空间存放的值的修改。

【例 6-6】　自定义一个函数,求出小组 5 个人的平均年龄。

```
float getAverageForAge(float age[5])
{
    int k;
    float average,sum=0;
    for(k=0;k<5;k++)
    {
        sum=sum+age[k];
    }
    average=sum/5;
    return average;
}
void main()
{
    float initAge[5]={15,18,16,12,13},average;
    average=getAverageForAge(initAge);
    printf("\nthe average age is %.2f ",average);
}
```

运行结果:

the average age is 14.80

注意:

(1)数组名作为函数参数时,实参与形参数组的数据类型要一致,数组名可以不一致。

(2)C 编译系统对形参数组大小不做检查,只是将实参数组的首地址传给形参数组,以便形参和实参共用存储空间。

(3)对一维数组形参进行声明时,可以在方括号中给出数组的长度声明,即将其定义为固定长度数组,可以省略给出数组的长度,即方括号里面为空,将其定义为可变长度数组,此时,通常会另设一个参数作为数组的长度,方便编程的同时也便于提高方法的通用性。

【例 6-7】 在给定数组中查找某个关键字是否存在,如果存在,返回该关键字的存在个数,如果不存在,返回-1。

问题分析:题目中给定数组并未说明数组的具体长度为多少,所以解决该类问题时,假设长度为 length,并将其作为参数来处理。

程序源码:

```
#include<stdio.h>
/* array 为给定数组名,length 为数组长度,key 为要查找的关键字 */
int searchKey(int array[ ],int length,int key)
{
    int k,count=0;
    for(k=0; k<length; k++)
    {
        if(array[k]==key)
            count++;
        else
            continue;
    }
    return count>0? count:-1;
}
void main()
{
    int score={65,100,90,100,50,83},count;
    count=searchKey(score,6,100);
    if(count==-1)
        printf("\n the score of 100 is not exist in the array");
    else
        printf("\n there are %d scores of 100 in the array",count);
}
```

运行结果:

there are 2 scores of 100 in the array

6.3.3 *二维数组的地址传递

一维数组可以解决一组数据的处理,面对多组相关数据时则需要使用多维数组。实际问题中,多维数据的使用频率远高于一维数组。例如,统计班级中 5 个学生的 3 门课程成绩的平均分并按照从高到低的原则进行排名,此时,既要存储 5 个学生的学号,又要存储每个学生 3 门课的成绩,所以需要用到二维数组才能存储上述信息,如下表所示:

表 6-1 5 个学生的 3 门课成绩

学号	数学	语文	英语
1	89	90	87
2	99	88	68
3	97	78	80
4	67	76	78
5	84	69	80

注意:

(1)用二维数组的数组名作为函数参数时,向被调函数传递的也是数组元素存放空间的起始地址。

(2)因为二维数组存放时是按照行优先的原则,所以,形参是二维数组时,不能省略第二维的长度,仅可省略数组第一维的长度,否则无法定位下一行的起始元素位置。为此,二维数组作为参数时的形参可以定义成如下几种:

方式 1:明确固定数组的长度和宽度。

```
void function(int array[5][3])
{
   ⋮
}
```

方式 2:省略数组的第一维长度。

```
void function(int array[][3],int n)
{
   ⋮
}
```

但是不得定义成如下形式:

```
void function(int array[][],int n)
{
   ⋮
}
```

【例 6-8】 从一个 3×4 的矩阵中找出最小元素。

```
int getMinValue(int array[ ][4])
{
   int min,j,k;
   min=array[0][0];
   for(j=0;j<3;j++)
```

```
    {
      for(k=0;k<4;k++)
      {
        if(array[j][k]<min)
          min=array[j][k];
      }
    }
    return min;
}

void main()
{
  int s[3][4],i,j,min;
  for(i=0;i<3;i++)
    for(j=0;j<4;j++)
      scanf("%d",&s[i][j]);
  min=getMinValue(s);
  printf("\n min=%d",min);
}
```

输入：

1 2 4 5 8 9 8 0 2 3 7 9

输出：

min=0

6.4 函数的嵌套和递归调用

C 语言不允许函数的嵌套定义,但允许函数的嵌套调用。

6.4.1 函数的嵌套调用

函数的嵌套调用是指在被调函数中又调用了其他函数。例如,如果函数 A 调用函数 B,
而函数 B 又调用函数 C,这样的调用方式叫作函数的嵌套调用。

嵌套调用的过程流程示意图:

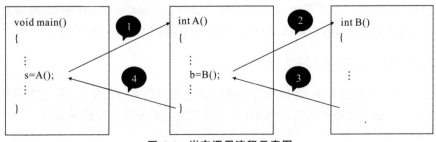

图 6-4　嵌套调用流程示意图

执行过程分析：

(1)从 main 函数开始执行。

(2)遇到调用函数 A 的语句，执行流程转向函数 A，执行函数 A 的开始部分。

(3)遇到调用函数 B 的语句，执行流程转向函数 B，执行函数 B 的所有语句。

(4)返回函数 A 中调用函数 B 的位置，继续执行后续语句。

(5)返回 main 函数中调用函数 A 的位置，继续执行后续语句。

【例 6-9】 求数组元素的和与平均值。

```c
#include<stdio.h>
int getSum(int a[],int n)
{
   int k,sum=0;
   for(k=0;k<n;k++)
     sum+=a[k];
   return sum;
}
float getAverage(int a[],int n)
{
   int sum;
   float average;
   sum=getSum(a,n);    //嵌套调用 getSum 函数
   average=(float)sum/n;
   return average;
}
void main()
{
   int array[]={12,25,64,56,98,39};
   printf("\n sum=%d",getSum(array,6));
   printf("\n average=%.2f",getAverage(array,6));
}
```

运行结果：

sum=294

average=49.00

程序解析：程序中定义了两个独立的函数 getSum 和 getAverage，在 main 函数中调用了 getSum 和 getAverage，其中，getAverage 函数嵌套调用了 getSum 函数。

6.4.2 函数的递归调用

在调用一个函数的过程中，会出现直接或间接调用函数本身的情况，称之为函数的递归调用。简而言之，递归就是函数自己调用自己，特点是主调函数又是被调函数。

递归可以分为直接递归和间接递归。函数直接调用本身叫直接递归；而函数 A 调用函数 B，在函数 B 中又调用函数 A，这种函数间接调用本身的函数调用叫间接递归，执行过程如图 6-5 所示：

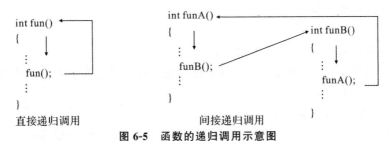

直接递归调用　　　　　　　间接递归调用

图 6-5　函数的递归调用示意图

【例 6-10】　用递归的方法求 n 的阶乘。

$$n!=\begin{cases}1 & n=0,1 \\ n^*(n-1)! & n=>1\end{cases}$$

```c
#include<stdio.h>
int fac(int n)
{
  int result；
  if(n==0‖n==1)
    result=1；
  else
    result=n * fac(n-1)
  return result；
}
void main()
{
  int n；
  printf("\n please input a integer number：")；
  scanf("%d",&n)；
  if(n<0)
    printf("\n Error,the data you inputed is invalid")；
  else
    printf("\n%d!=%d",n,fac(n))；
}
```

输入：

please input a integer number：6

运行结果：

6!=720

程序解析：

求解 6 的阶乘时,转换为求 6 乘以 5 的阶乘,即 fac(6)＝6＊fac(5),在此过程中,问题的规模从 6 降到 5,依此类推,到后面 fac(2)＝2＊fac(1),此时,fac(1)可以得到结果是 1,无需继续往下递推,递推结束。接着再反向回归,得到 fac(2)＝2＊1,fac(3)＝3＊fac(2)＝6,依此类推,得到最终的值为 720。

注意:

(1)在编写递归函数时,有两个着眼点:

①递归出口:即递归结束的条件,递归函数必须要有出口。在上面的阶乘函数中,当形参值为 0 或 1 时,递归结束。

②递归表达式:如 n!＝n＊(n−1)!

(2)通常用 if 语句和条件表达式来判断是否到达递归的出口,如果没有,继续执行递归调用,例如 if(n＝＝0‖n＝＝1)。

(3)确保递归调用时是有限次调用,即必须要有递归出口,不能出现无法终止的递归调用。

【例 6-11】 根据如下的斐波那契函数,求任意给定 n 值时的结果。

$$f(n)=\begin{cases}1 & n=1,2 \\ f(n-1)+f(n-2) & n>2\end{cases}$$

分析:

(1)递归出口,n＝1 或 2。

(2)递归表达式:f(n)＝f(n−1)+f(n−2)。

程序代码如下:

```c
#include<stido.h>
int fibo(int n)
{
  int result;
  if(n==1‖n==2)        //判断是否已经到达出口
    result=1;
  else
    result=fibo(n-1)+fibo(n-2);   //未到出口时,递归调用本身
  return result
}

void main()
{
  int n;
  printf("\n please input n=");
  scanf("%d",&n);
  printf("\n fibo(%d)=%d",n,fibo(n));
}
```

运行结果：

please input n＝20

fibo(20)＝6765

6.5 变量的作用域与生存期

在 C 语言中,被花括号括起来的区域称之为语句块(block),主要常见于函数体、循环体或分支语句中。在每个语句块的头部都可以定义变量,且该变量的作用域(scope)为该语句块内,可以包含隶属于该语句块的下级语句块。

6.5.1 局部变量与全局变量

变量按作用域可以分为全局变量和局部变量。

1. 局部变量

在一个函数或者复合语句内部定义的变量,叫作局部变量。局部变量只在定义它的函数或者复合语句内部有效,在此范围之外是不能使用这些变量的。

【例 6-12】 局部变量。

```
int getSum(int a,int b)
{
    int c＝a＋b;    //定义局部变量 c
    return c;
}
int getMax(int a,int b)
{
    int max＝a＞b? a:b;    //定义局部变量
    return max;
}
void main()
{
    int x＝5,y＝10,max;    //定义局部变量 x,y,max
    int c＝getSum(x,y)＋getMax(x,y);
}
```

说明：

(1)main 函数中定义的变量也是局部变量,只在主函数中有效,main 函数也不能使用其他函数中定义的变量。

(2)函数的形参是局部变量,只在本函数中有效。

(3)不同函数或不同语句块中可以使用相同的变量名字,他们在内存中占用不同的存储空间,不会造成混淆或干扰。

2. 全局变量

为了解决多个函数间共用变量,C 语言中允许定义全局变量,即把定义在函数外,不属于任何一个函数的变量称之为全局变量。通常情况下,全局变量的定义放在第一个函数的前面,它的作用范围是从定义的地方开始,直到程序所在的文件结束,作用范围内的所有函数都可以使用全局变量。

【例 6-13】 全局变量使用。

```
int count=0,sum=0;      //定义全局变量 count 和 sum
int fun1(int a)
{
    int b=2,c=3;         //定义局部变量 b 和 c
    count++;
    sum=sum+a;
    return a+b+c;
}
float average=0;        //定义全局变量
void main()
{
    int x=0,count=1;     //定义局部变量 x 和 count
    x=count;
    ⋮
}
```

count,sum,average 都是全局变量,但是它们的作用域不同。main 函数可以使用上述三个全局变量,但是 fun1 函数只能使用 average,不能使用 count 和 sum。

注意:

(1)全局变量跟局部变量重名时,全局变量不起作用,而由局部变量起作用,例如上面 main 函数中定义了局部变量 count 和全局变量 count 冲突,则根据原则 count 的值为局部变量的值,即 count 的值为 1。

(2)C 语言中设置全局变量方便了增加同一源程序中各函数的联系通道。

(3)C 程序员为了快速区分局部变量和全局变量,形成一个非必需的约定,即将全局变量的首字母用大写表示。

6.5.2 动态变量与静态变量

变量的存储类型主要是指变量的生存期、作用范围及在内存中的存放区域。系统根据数据的生存期不同,把内存中供用户使用的存储空间划分为程序区、静态存储区和动态存储区 3 个部分,如下图 6-6 所示

(1)静态存储区

存储在该区域的变量,系统在程序运行期间为其分配固定

内存的用户区

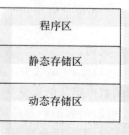

图 6-6

的存储空间,直到程序运行结束才释放。

(2)动态存储区

存储在该区域的变量,系统在程序运行期间根据需要为其分配存储空间,一旦退出所在的语句块,则立即释放存储单元。

所以,根据变量所占用的存储区域,分为动态变量和静态变量。前面所讲的全局变量属于静态变量;函数以及复合语句中定义的变量,函数的形参都属于动态存储变量,在函数被调用之前是不分配存储空间的,直到函数被调用时,系统才会为函数中的局部变量分配存储空间,一旦函数调用结束,系统自动回收局部变量所占用的存储空间。

1. 动态变量

动态变量包括自动变量和寄存器变量两种。

(1)自动变量

自动变量的"自动"特性体现在程序执行到定义变量的语句时自动为变量申请内存空间,退出变量所在的语句块时,自动释放内存,自动变量定义的形式是:

auto　类型名　变量名;

例如:auto int a,b;

在定义自动变量时,auto 可以省略,形式与我们以前在函数中定义普通变量时完全一样。所以,我们以前编写程序过程中用到的变量都是自动变量。实际上,因为自动变量使用频繁,C 语言干脆直接把 auto 设计成可以省略,以致它成为使用最少的关键字。

另外,要注意的是如果没有对自动变量赋初值,自动变量的值是不确定的。

(2)寄存器变量

CPU 正常处理数据时都是从内存中提取数据,但是从内存中存取数据的效率相对较慢,导致 CPU 可能因为等待数据而暂停执行,严重浪费了 CPU 资源。所以,为了改善这种情形,在 CPU 的内部设计了一种容量有限但读取速度极快的存储器,称之为寄存器(register),可以把使用频率高的变量存储在寄存器中,可以在一定程度上提高程序的性能,此种变量称之为寄存器变量,它的定义格式为:

register　int　变量名;

寄存器变量与自动变量的区别就是把数据存储在计算机寄存器单元上,但大多数 C 语言系统中,并不真正支持寄存器变量的使用,而是把寄存器变量当作普通自动变量来处理,而且寄存器变量只适用于整型。在现代智能的编译器中,已经可以实现自动优化程序功能,可以根据需要自动决定哪个变量放到寄存器中,无需程序员操心。

2. 静态变量

(1)静态局部变量

普通的局部变量存储在动态存储区,一旦退出所在的作用域,占用的空间即被释放。但现实中有时希望函数调用结束后,函数中局部变量的存储空间依然保留不被释放,以便将值存储下来,下次调用该函数时,可以自动沿用上一次的值,此时,可以定义静态局部变量,其定义格式为:

static　类型名　变量名;

注意:

静态局部变量如果没有在函数中赋初值，系统会自动为数值型变量赋初值为 0，为字符型变量赋值为空字符"\0"。

静态局部变量在编译时只赋初值一次，后续调用时直接保留上次结束时的值。

静态变量的使用会增强程序逻辑的复杂度，降低可读性，不建议多次使用。

【例 6-14】 求出下列程序的运行结果。

```
#include<stido.h>
int fun(int a)
{
    int b=0;
    static int c=10;
    b++;
    c=c+b;
    return a+c;
}
void main()
{
    int i=0,k=2;
    for(i=0,i<3;i++)
    {
        ++k;
        printf("\n i=%d,fun(%)=%d\n",i,k,fun(k));
    }
}
```

运行结果：

i=0,fun(3)=14

i=1,fun(4)=16

i=2,fun(5)=18

6.5.3 * 全局变量作用域扩充

1. 全局变量的作用域扩充到整个文件

前面小节讲述全局变量的作用范围是从定义的位置开始到程序结束，如果定义在全局变量之前的函数要读取后面定义的全局变量，可以在定义全局变量时，在数据类型前面加 extern 进行修饰，以便扩展该全局变量的作用域至整个程序文件，extern 的声明格式为：

　　extern　数据类型　变量名；

或

　　extern　变量名；

【例 6-15】 扩展全局变量的作用域。

```
#include<stdio.h>
```

```
int X=1,Y=9;
void main()
{
  int getSum(int,int);        //申明函数原型
  extern K;                   //用 extern 申明全局变量 K
  printf("\n %d\n",getSum(K,X+Y));
}
int K=5;
int getSum(int a,int b)
{
  return a+b;
}
```

运行结果：

15

2. 全局变量的作用域扩充至多个文件

当程序的功能规模较大时，代码通常比较多，也比较复杂，为了便于团队的分工，可能需要多个成员分工完成，各自编写程序文件，但是有时需要多个文件共享某个全局变量以便多个文件联系。C 语言可以允许用 extern 进行声明，将全局变量的作用域扩展为多个源文件共享使用。

【例 6-16】　全局变量作用域扩充。

```
file1. c
#include<stdio. h>
int X,Y;
void main ()
{
  int getMin();             //函数声明
  printf("\nPlease Enter 2 Integer Data:");
  scanf("%d %d",&X,&Y);
  printf("\nThe Min Data Of %d,%d is",X,Y,getMin());
}
file2. c
extern X,Y;                 //引用 file1. c 中的全局变量 X 和 Y
int getMin()
{
  return X>Y? Y:X;          //使用 file1. c 中的全局变量 X 和 Y
}
```

说明：

程序编译时如果遇到 extern 关键字，先在本文件中查找全局变量的定义，如果有则在本

文中扩展作用域；如果找不到定义，就在连接时从其他文件中找其他全局变量的定义，如果其他文件有，则将其作用域扩充到本文件，如果找不到则按出错处理。

3. 全局变量的作用域限定在本文件

上文中讲解了如何引用其他文件的全局变量，相反，有时需要禁止某些全局变量被其他文件使用以防止误用等，C 语言也提供了相应的语法，只要把全局变量声明为静态，则这个静态变量的作用范围只限于当前的文件，而不会作用于其他文件，这样就避免了同一个程序不同文件中的全局变量的相互影响。

6. 6 * 内部函数与外部函数

前面章节讲解了如何让全局变量的作用域扩充到其他文件，也可访问或限制仅在本文件访问，其实，函数也有类似的设计。在 C 语言中，根据函数是否可以被其他源文件的函数调用的特性，将函数分为内部函数和外部函数两大类。

6. 6. 1 内部函数

如果一个函数仅能被本源文件中的其他函数调用，则可称之为内部函数。在定义内部函数时，仅需在函数返回值类型前面加上 static 即可，格式为：

static 返回值类型 函数名(形参列表)

例如：

static int getSum(int a,int b);

因为内部函数只能被源文件的其他函数调用，无法跨越到其他文件，这就允许在不同源文件中定义同名函数，也方便不同的人分工编写源文件且不必顾虑函数同名问题造成的错误。

6. 6. 2 外部函数

如果一个函数允许被其他源文件的函数调用，则可称之为外部函数。在定义外部函数时，仅需在函数的返回值类型前面加上 extern 即可，格式为：

extern int getMax(int x,int y);

使用说明：

1. 定义外部函数时，可以省略 extern 关键字，换言之，系统将函数都默认视为外部函数。

2. 在调用其他源文件的函数时，需要在调用前用 extern 对被调用的外部函数进行原型声明。

【例 6-17】 输出一个数组中所有元素的和、所有元素的平均值。

```
#indclude<stdio. h>
int getSum(int length,int data[])
{
    int sum=0,k;
```

```
    for(k=0;k<length;k++)
    {
        sum+=data[k];
    }
    return k;
}
file2.c
#include<stdio.h>
double getAverage(int length,int data[])
{
    extern int getSum(int length,int data[]);
    int sum=getSum(length,data);
    return(double)sum/length;
}
file3.c
#include<stdio.h>
void main()
{
    extern getSum(int length,int data[]);
    extern getAverage(int length,int data[]);
    int k,data[10];
    for(k=0;k<10;k++)
    {
        printf("\n please input integer number for data[%d]",k);
        scanf("%d",&data[k]);
    }
    printf("\n sum=%d",getSum(10,data));
    printf("\n average=%lf",getAverage(10,data));
}
```

程序解析:整个程序包括 3 个文件,file1.c 定义了一个求数组元素和的函数;file2.c 定义了一个求数组元素平均值的函数,同时,通过 extern 扩展了求和函数的作用域到本文件;file3.c 通过 extern 声明将求和与求平均值函数的作用域扩展到本文件,然后分别调用它们求出和与平均值之后输出。

6.7 编译预处理命令

对 C 语言程序的处理、包括预处理,编译和连接。预处理是 C 语言编译系统提供的一套包括 12 条命令的处理机制,其目的是扩充 C 语言的功能,其工作原理是在程序编译前,根据预处理命令对源程序中的预处理部分做相应的处理,处理完毕后再进行源程序的编译。

大家在前面例题中经常看到♯include＜stdio.h＞命令,就是一条预处理命令。C语言提供的预处理功能主要由宏定义、文件包含和条件编译。

注意:

(1)预处理命令不是语句,所以不需要加分号;

(2)为了跟其他C语句相区别,这些命令都是以♯开头。

(3)预处理在编译之前进行,根据源代码中的预处理指令调整源代码,编译器编译的都是经过预处理的代码。

6.7.1 文件包含

文件包含是指一个源文件可以将另外一个源文件的内容全部包含进来,从而把指定的文件和当前的程序文件连成一个源文件。文件包含的一般形式为:

♯include＜文件名＞

或

♯include "文件名"

注意:

(1)一般来讲,使用C语言标准头文件时,在文件包含中使用尖括号＜＞;使用编程者自己的文件时,在文件包含中使用双引号""。这两者并没有严格界限,但这只是通用的习惯,并非强制要求。

(2)被包含的文件可以是任意类型的文件,既可以是.h文件,也可以是.c文件。

(3)♯include命令后面只能包含一个文件,如果需要包含多个文件,则必须使用多条♯include命令。

【例6-18】 使用文件包含命令将file.c文件包含在file2.c文件中,并在file2.c中调用file1.c中的方法。

file1.c文件内容如下:

```
int getMax(int a,int b)
{
    return a>b? a:b;
}
```

file2.c文件内容如下

```
#include<stdio.h>
#indclude "file1.c"
void main()
{
    int a=5,b=10;
    printf("\n the max is:",getMax(a,b));
}
```

程序解析:本题相当于把file1.c的内容插到了file2.c中main函数的前面,即file2.c被

预处理后代码变为:

```
#include<stdio. h>
int getMax(int a,int b)
{
    return a>b? a:b;
}
void main()
{
    int a=5,b=10;
    printf("\n the max is:",getMax(a,b));
}
```

6.7.2 宏定义

宏定义就是使用指定的标识符来代替一个字符串。宏定义可以分为不带参数的宏定义和带参数的宏定义。

1. 不带参数的宏定义

不带参数的宏定义一般格式为:

#define 标识符 字符串

其中"标识符"称为宏名,在程序中,使用宏名来代替字符串,在预处理时,系统会将程序中的宏名全部替换为相应的字符串,替换的过程称为宏替换。例如:

#define PI 3.1415926

就是用标识符 PI 来代替 3.1415926,在编译前,会将程序中的 PI 全部替换为 3.1415926。

【例 6-19】 求圆的周长。

```
#include<stdio. h>
#define PI 3.1415926
void main()
{
    double r,c;
    printf("\n Please input radius:");
    scanf("%f",&r);
    c=2 * PI * r;
    printf("\nc=%.2f \n",c);
}
```

程序解析:通过定义名称为 PI 的宏代替字符串 3.1415926,程序在编译前会自动把所有的 PI 替换成 3.1415926。

2. 带参数的宏定义

带参数的宏定义不只是进行简单的字符串替换,还要进行参数的替换,比不带参数的宏

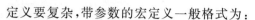

定义要复杂,带参数的宏定义一般格式为:

　＃define　宏名(参数表)　字符串

【例 6-20】 求和。

```
#include<stdio.h>
#define SUM(a,b)   a+b
void main()
{
    int x=30,y=5,s;
    s=SUM(x,y)*SUM(y,x);
    printf("\n s=%d",s);
}
```

程序解析:在宏定义中,a 和 b 都是参数,宏替换 SUM(x,y)时,a 的实际值为 x,b 的实际值为 y,所以,SUM(x,y)的替换结果为 x+y,同理,SUM(y,x)的替换结果为 y+x,因此 s=x+y*y+x,得到 s=30+5*5+30,最终输出 s=85。

在本例中很多人会受数学思维的影响,将替换结果变成 s=(x+y)*(y+x),从而得到错误结果,所以需要注意在宏替换过程中不会添加任何符号,例如括号之类的。

综上所述,我们在使用宏时需要注意以下几点:

(1)一般建议宏名用大写字母,以区分与普通变量的区别。

(2)宏定义是命令而非语句,所以末尾无需加分号,否则将被当作字符串的一部分。

(3)宏替换时只是单纯地做字符串替换,不会检查是否存在语法或逻辑错误,如果有错,需要待到编译时才会提示。

(4)在宏替换过程中不会添加任何的符号,切勿画蛇添足。

(5)宏定义中的宏名作用域从定义开始到程序结束,也可在中间强行提早结束作用域,结束的命令格式为:

　＃undef 宏名

(6)宏定义可以嵌套定义,即在定义宏时可以利用前面已经定义好的宏名,例如:

```
#define PI 3.1415926
#define Area(radius)   PI*radius*radius
```

在定义第二个宏时,使用了签名定义好的宏 PI,在做替换时,根据定义时的先后顺序,先做 PI 的替换。

(7)如果在带有双引号的字符串中出现宏名,将不会被替换。例如:

```
#define   PI   3.1415926
void main()
{
    float raidus=2.0;
    printf("\n arear=PI*radius*radius=",PI*radius*radius);
}
```

其中,第一个 PI 将被原样输出,不会被替换成 3.1415926。

6.7.3 条件编译

在编写 C 语言程序时,有时希望其中的某些代码在满足一定条件时才进行编译,即有条件编译,在 C 语言中提供了条件编译的相应语法,主要有以下三种形式:

第一种形式:

#ifdef 标识符

　程序段 1

#else

　程序段 2

#endif

说明:ifdef、else、endif 都是保留字,执行上述代码时,先判断标识符是否在前面已经使用 define 定义过,如果是,则编译程序段 1,否则编译程序段 2,其中,#else 和程序段 2 并非必须,可以省略,省略时的格式为

#ifdef 标识符

程序段 1

#endif

【例 6-21】 条件编译示例。

```
#define SHOW
void main()
{
    #ifdef SHOW
      printf("\n Please Show you face,for SHOW has been defined");
    #else
      printf("\n Please Hidden you face,for SHOW has not been defined");
    #endif
}
```

程序解析:因为 main 函数前已经定义了 SHOW,所以编译结果为输出:

Please Show you face,for SHOW has been defined

第二种形式:

#ifndef 标识符

　程序段 1

#else

　程序段 2

#endif

说明:此形式的功能与前一种差别在于第一个保留字 ifndef,功能是如果标识符未定义,则编译代码段 1,否则执行代码段 2,在此不做举例。

第三种形式:

#if 常量表达式

```
  代码段 1
#else
  代码段 2
#endif
```

说明：如果常量表达式的值为非 0 时，编译代码段 1，否则，编译代码段 2，其中，else 也是非必需的，可省略。

小结

本章详细介绍了 C 语言程序设计过程中函数的基本知识，包括函数的定义、声明和调用，函数调用过程中的参数传递和返回值，以及函数的嵌套调用和递归调用；最后还介绍了函数变量的作用域和存储类型，包括局部变量、全局变量、静态变量。

习题

1. 从键盘上输入 10 个整数，分别编写返回和的函数 getSum 和返回平均值 getAverage，最后在 main 函数中调用上述两个函数输出这 10 个整数的和与平均值。

2. 从键盘上输入 10 个整数，去掉其中的奇数，将其剩余的数按照由大到小进行输出。

3. 设计一个函数，用来判断一个整数是否为素数（只能被 1 和其本身整除的数为素数。负数、0、1 都不是素数）。

4. 设计一个函数 MinCommonMultiple( )，计算两个正整数的最小公倍数。

第7章 指 针

本章导读

指针是 C 语言的精华所在,运用指针编程是 C 语言最主要的风格之一。利用指针变量可以有效表达各种复杂的数据类型,得到多于一个的函数返回值,并且能像汇编语言一样处理内存地址,从而设计出更加简洁、紧凑、高效的程序。本章首先介绍了指针的基本概念,接着介绍了指向变量、数组、字符串和函数的指针变量的定义与引用,另外还介绍了多级指针的概念。

主要知识点

1. 掌握地址、指针和指针变量的概念
2. 熟练掌握指针变量的赋值、运算,以及通过指针引用变量的方法
3. 理解数组名与地址值之间的关系,掌握通过指针引用数组、字符串元素的方法,掌握指针作为函数参数的使用
4. 理解返回指针值的函数和指向函数的指针的概念

7.1 指针和指针变量

【例 7-1】 交换两个整数,输入两个整数,交换两个整数值后输出结果。要求用函数实现。

分析:我们先分析一下下面这段代码,会发现执行后变量 x 和 y 的值并没有交换。这是因为当形参是简单变量时,实参与形参之间采用"数值传递"方式,实现实参单元向形参单元的单向传递。因此在执行 swap 函数时,形参 a 和 b 的值发生交换,但不会改变主函数中实参 x 和 y 的值。

```
/* example 7-1. cpp */
#include <stdio. h>
void swap(int a,int b)
```

```
    {
        int temp;
        temp＝a;a＝b;b＝temp;
    }
    void main()
    {
        int x,y;
        printf("请输入 x 的值:\n");
        scanf("%d",&x);
        printf("请输入 y 的值:\n");
        scanf("%d",&y);
        printf("交换后:\n");
        swap(x,y);
        printf("x＝%d,y＝%d\n",x,y);
    }
```

程序解析:

如果希望改变主函数中实参 x 和 y 的值,实参与形参间需要采用"地址传递"方式,即形参与实参占用同一存储区域,这就需要指针变量作为形参来实现。交换函数的两个形参 p、q 设置为两个指针变量,由主函数将需要交换的两个整数的地址分别传递给两个形参,即两个指针变量分别指向两个整数,所以函数中交换两个指针变量所指向的变量的值,也就实现了两个整数的交换。

7.1.1 指针的概念

为了正确地理解指针,必须了解数据在内存中的存储方式和读取方式。

如果在程序中定义了一个变量,在对程序进行编译时,系统就会为该变量分配内存单元。编译系统会根据程序中定义的变量类型,分配一定长度的空间(变量占用的内存空间的大小与编译环境有关)。例如,Turbo C 中为整型变量分配 2 个字节,对单精度浮点型变量分配 4 个字节,对字符型变量分配 1 个字节。内存中的每一个单元有一个编号,这就是内存单元的地址。如果把内存看作是一个旅馆,内存单元就是旅馆内的房间,内存单元的地址就相当于旅馆中的房间号。在地址所标识的内存单元中存放数据,这相当于旅馆房间中居住的旅客一样。假设有:

int i＝10;

float k＝6.88;

则变量 i、k 在内存中的存储情况如图 7-1 所示。编译系统为变量 i 分配了 2000、2001 两个字节,将 2002、2003、2004 和 2005 四个字节分配给变量 k。

在程序中一般是通过变量名对内存单元进行存取操作,这种访问方式称为变量的直接访问方式。比如语句"int i＝10;"即是

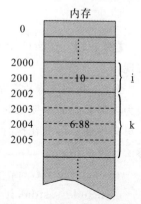

图 7-1 变量占用内存情况

通过变量名 i 将数值 10 存入起始地址为 2000 内存单元。假设有输出语句：

printf("%d",i)；

它的执行过程即为：根据变量名 i 找到它的内存起始地址 2000，然后从 2000 开始的 2 个字节中取出数据即变量的值 10 进行输出。

由于通过地址能找到所需的变量单元，我们可以说，地址指向该变量单元。将地址形象化地称为"指针"。一个变量的地址称为该变量的"指针"。例如，地址 2000 是变量 i 的指针。因此，还可以使用另外一种访问方式——间接方式，即用一个变量专门用来存放另一变量的地址（即指针），通过指针对变量所在的存储单元进行访问。

如图 7-2 所示，假设我们定义了一个变量 i_pointer 用来存放变量 i 的地址，它被分配了 3000、3001 两个字节。变量 i_pointer 的值就是变量 i 的起始单元地址 2000。则通过间接方式存取变量 i 的值的过程为：先找到存放变量 i 的地址的变量 i_pointer，从中取出 i 的起始地址 2000，然后从 2000、2001 字节取出 i 的值 10。如图 7-3 所示。

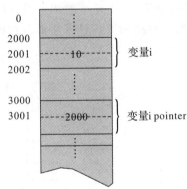

图 7-2 变量与指针的存储关系

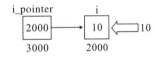

图 7-3 变量的间接访问方式

7.1.2 指针变量的定义和使用

指针变量和普通变量一样，也需要先定义后使用。但指针是一种特殊的变量。它的特殊性表现在两方面：(1)指针变量的值。指针变量是用来存放某个变量的起始地址，即指针变量的值是某个变量的地址值。(2)指针变量的类型。指针变量的类型是该指针变量所指向的变量的类型，而不是指针变量本身值的类型。因为指针变量的值是内存的地址，通常是一个无符号整数。而指针变量的类型是由它所指向的变量的类型决定的。由于指针可以指向 C 语言中所允许的任何一种变量类型，因此指针的类型很多，例如 int 型、char 型、float 型、数组类型、结构体类型、联合类型等，另外指针变量还可以指向函数、文件和指针等。

1. 指针变量的定义

定义指针变量的一般形式如下：

[存储类型] 基类型 *指针变量名；

作用是定义一个指向基类型的指针变量。如：

int *p1, *p2;   ①

float *q;   ②

static char *name;   ③

在定义指针变量时要注意两点：

(1)指针变量前面的"＊"，表示该变量的类型为指针型变量。

语句①中的指针变量名是 p1,p2,不是 *p1, *p2;而下列语句

int *p1,p2;

则定义了指向 int 型变量的指针变量 p1 和 int 型变量 p2;

(2)指针变量只能指向定义时所规定类型的变量。

定义指针变量时的基类型确定了该指针变量可以指向的变量类型。例如,上述语句①中的指针变量 p1,p2 可以用来指向 int 型变量,但不能指向 float 型变量,同理语句②中的指针变量 q 只能指向 float 型变量。由于指针变量中存放的是该指针指向的变量在内存中存储单元的起始地址,而不同类型的数据在内存中所占的字节数是不同的,因此,基类型确定了存取数据时所操作的字节数。如图 7-4 所示,如果指针变量 p 指向 int 型变量,假设 int 型数据占 2 个字节,则 *p 操作的是从 2000 开始的 2 个字节的数据;如果指针变量 p 指向 float 型变量,假设 float 型数据占 4 个字节,则 *p 操作的是从 2000 开始的 4 个字节的数据。注意,指针变量存放的是该指针指向的变量的存储地址,因此所有指针变量都占有相同大小的存储空间,具体大小与计算机系统和编译器有关。

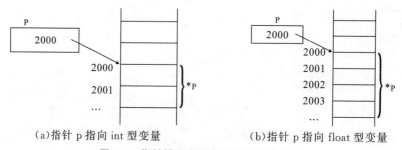

(a)指针 p 指向 int 型变量　　　　(b)指针 p 指向 float 型变量

图 7-4　指针操作与所指变量类型的关系

注意:ANSI C 标准允许使用 void 类型(空类型)指针,即该指针变量不指向一个固定类型的数据,在实际使用时可通过强制类型转换成指向特定类型的数据。它的定义形式为:

void *p;

表示指针变量 p 不指向一个确定的类型数据。它的作用仅仅是用来存放一个地址,而不能指向非 void 类型的变量。例如下面的写法是错误的:

int i, *q;

p＝&i;

如果需要将 i 的地址存放到 p 中,应先进行强制转换,例如:

p＝(void *)&i;

同理,如果要将 p 赋给 q 时,也应进行强制转换。例如:

q＝(int *)p;

2. 指针变量的引用

指针变量定义后,如果没有给指针变量赋初值,指针变量的值不确定,可能指向内存中任何位置,这是很危险的,甚至可能会引发系统的崩溃。因此,指针变量定义后,必须先将指针与变量的地址相关联,然后才能使用指针。通常可以通过初始化或赋值的方式将指针变

量与简单变量相关联。

(1)指针变量的初始化

在定义指针变量的同时赋初值称为指针变量的初始化。

指针变量初始化的一般形式如下：

基类型 *指针变量名 = 内存地址；

作用是定义一个指向基类型的指针变量,同时将某个内存地址存放在该指针变量中,即该指针变量指向了该内存地址。

两个相关的运算符：

①&：取地址运算符。&a 是变量 a 的地址。

② *：指针运算符(或称"间接访问"运算符),取其指向的变量的值。 *p 为指针变量 p 指向的变量的值。

例如：

int i；

int *p＝&i；

int *q＝p；

(2)指针变量的赋值

指针变量也可以在程序中赋值,即将一个内存地址存入指针变量。

指针变量的赋值一般有两种方法：

①将某个变量的地址赋给指针变量,一般形式如下：

指针变量＝变量地址；

②将一个指针赋给另一个指针变量,一般形式如下：

指针变量 1＝指针变量 2；

作用是将某个内存地址存入指针变量。

例如：

int i，*p；

p＝&i；

int *q＝p；

在对指针变量赋值时需要注意以下几点：

①指针变量中只能存放地址(指针),不能将一个整数赋给一个指针变量。

例如以下语句是不合法的：

int *pointer；

pointer＝100；   //pointer 是指针变量,100 是整数

②指针变量只能指向定义时所规定类型的变量。

例如,下面的赋值是错误的：

int a；

float *q；   //q 为指向 float 型数据的指针变量

q＝&a；   //将 int 型变量的地址存放到指向 float 型变量的指针变量中

③暂时不用的指针可以赋值 NULL(NULL 表示空地址,相当于整型数据中的 0 或字符

数据中的空格)。例如:

    int *p＝NULL;

前面讲过,指针不赋值就使用是很危险的。因此,为了避免这种危险,可以将暂时不用的指针赋值 NULL,将来使用时再重新赋值。这样,被赋值为 NULL 的指针一旦被使用也不会带来危险。被赋值为 NULL 的指针又称为无效指针。

(3)指针变量的引用

定义一个指针变量并与某个内存地址关联后,就可以使用间接引用运算符"＊"对指针所指向的变量进行间接访问。

间接引用运算符"＊"的一般形式为:

＊指针变量

作用是访问指针变量指向的存储单元。

例如:

    int a, *p＝&a;   //指针 p 指向了变量 a 的地址

    float x＝2.13,y, *q;

    *p＝5;   //等价于 a＝5;为指针 p 所指向的变量赋值,即对变量 a 的间接
                              访问——存操作

    q＝&x;   //指针 q 指向了变量 x 的地址

    y＝*q+3.14;   //等价于 y＝x+3.14;对变量 x 的间接访问——取操作

使用指针运算符 ＊ 需要注意以下两点:

①上述语句"int a, *p＝&a;"中的"＊"不是运算符,它只是表示其后面的变量是一个指针类型的变量,是一个说明符。而语句"*p＝5;"中的"＊"是指针引用运算符"＊","*p"代表 p 指向的变量。

②"&"运算符与"＊"运算符是互逆的。

例如,如果执行了语句:

    int x,y;

    int *p＝&x;

则"y＝x;"与"y＝*&x;"两个语句是等价的。因为"&"和"＊"两个运算符的优先级相同,且按照自右向左结合,首先进行 &x 运算得到 x 的地址,再进行 ＊ 运算,即 &x 所指向的变量,也就是变量 x。所以 *&x 与 x 是等价的。

而 &*p 与 p 是等价的。因为先进行 *p 运算,也就是 p 指向的变量 x,再执行 & 运算,得到变量 x 的地址,而 p 是指向变量 x 的,所以 &*p 与 p 是等价的。

*&p 与 p 也是等价的。因为先进行 &p 运算,也就是指针变量 p 的地址,再执行 ＊ 运算,也就是指针变量 p,所以 *&p 与 p 是等价的。

但 &*a 是错误的。因为先进行 *a 运算,而 a 不是指针变量,所以 *a 不正确。

【例 7-2】 通过指针变量访问数据。

```
/* example 7-2.cpp */
#include <stdio.h>
void main()
```

```
{
    int a,b, *p1=&a, *p2=&b;
    printf("Please enter the number of a and b:\n");
    scanf("%d,%d",p1,p2);
    printf("a=%d,b=%d\n",a,b);
    printf(" *p1=%d, *p2=%d\n", *p1, *p2);
}
```

程序的运行结果为：

Please enter the number of a and b:

10,20↙

a=10,b=20

 *p1=10, *p2=20

7.2 指针变量的运算

指针变量也可以参与运算,但由于指针变量的特殊性,其运算的种类是有限的。它只能进行赋值运算和部分算术运算及关系运算。对指针的运算,实际是对地址进行操作。

7.2.1 赋值运算

指针变量的赋值运算有以下几种形式：

(1)指针变量初始化赋值。例如：

int a, *p=&a;

(2)把一个变量的地址赋予指向相同数据类型的指针变量。例如：

int a, *p;

p=&a;　//把整型变量 a 的地址赋予整型指针变量 p

(3)类型相同的指针变量间的赋值运算。例如：

int a, *p=&a, *q;

q=p;　//把 a 的地址赋给指针变量 q

由于 p,q 均为指向整型变量的指针变量,因此可以相互赋值。

(4)把数组的首地址赋予指向数组的指针变量。例如：

int a[5], *pa;

pa=a;//数组名表示数组的首地址,因此可以赋给指向数组的指针变量 pa

也可以写为：

pa=&a[0];　//数组第一个元素的地址也是整个数组的首地址,也可赋给 pa

当然也可采取初始化赋值的方法：

int a[5], *pa=a;

(5)把字符串的首地址赋予指向字符类型的指针变量。例如：

char *pc;

pc＝"C Programming"；

或用初始化赋值的方法写为：

char ＊pc＝"C Programming"；

这里应说明的是并不是把整个字符串装入指针变量，而是把存放该字符串的字符数组的首地址装入指针变量。

(6)把函数的入口地址赋予指向函数的指针变量。例如：

int(＊pf)()；

pf＝f；　//f 为函数名

7.2.2 指针的算术运算

指针的算术运算通常只限于算术运算符＋、－、＋＋、－－。其中，＋、＋＋代表指针向前移(地址编号增大)，－、－－代表指针向后移(地址编号减小)。

1. 指针变量自增、自减运算

指针变量的自增(＋＋)或自减(－－)运算表示指针变量指向的位置向后或向前移动 1个位置，即加、减一个数据所占的字节数，其结果也是指针。因此，如果指针变量 p 指向数组某个元素的地址，则 p＋＋、p－－、＋＋p、－－p 运算都合法且有实际意义。

2. 指针变量加减整数运算

一个指针可以加上或减去一定范围内的一个整数，以此来得到一个新的地址值。指针加减整数运算与其基类型有关，一般的，如果 p 是一个指针，n 是一个正整数，则 p±n 操作后的实际地址是：

p±n＊sizeof(基类型)

例如，int a＝5，＊p＝&a；

假设 a 的地址为 2000，则 p＝2000。变量 a 与指针 p 的存储关系如图 7-5(a)所示。执行语句："p＝p＋1；"后，指针 p 向前移动一个位置。如果 a 是占用 2 个字节，则 p 的值为 2002，如图(b)所示；如果 a 占用 4 个字节，则 p 的值为 2004，如图(c)所示。

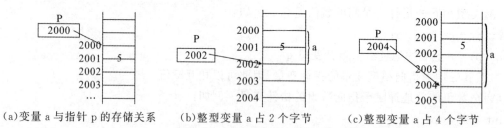

(a)变量 a 与指针 p 的存储关系　　(b)整型变量 a 占 2 个字节　　(c)整型变量 a 占 4 个字节

图 7-5　变量 a 与指针 p 的存储关系

注：指针变量与整数之间的加减运算只适用于指向数组的指针变量，对指向其他类型的指针变量进行加减运算，虽然地址也会移动，但没有实际意义。

【例 7-3】　指针变量与整型数据之间的加减运算。

```
/* example7-3. cpp */
#include <stdio. h>
```

```
void main()
{
    int i=10, *p=&i;
    float f=3.14, *pf=&f;
    int a[5]={1,2,3,4,5};
    int *pi, *pj;
    printf("p=%lu\t\t * p=%d\n",p, * p);
    printf("p+1=%lu\t\t * (p+1)=%d\n",p+1, * (p+1));
    printf("pf=%lu\t\t * pf=%f\n",pf, * pf);
    printf("pf+1=%lu\t\t * (pf+1)=%f\n",pf+1, * (pf+1));
    pi=a;
    pj=pi+3;
    printf("pi=%lu\t\t * pi=%d\n",pi, * pi);
    printf("pi+1=%lu\t\t * (pi+1)=%d\n",pi+1, * (pi+1));
    printf("pj=%lu\t\t * pj=%d\n",pj, * pj);
}
```

程序的运行结果为：

p=1703740	* p=10
p+1=1703744	* (p+1)=1703808
pf=1703732	* pf=3.140000
pf+1=1703736	* (pf+1)=0.000000
pi=1703708	* pi=1
pi+1=1703712	* (pi+1)=2
pj=1703720	* pj=4

分析上述运行结果可以看出，指针变量 p 和 pf 分别指向整型变量 i 和浮点型变量 f，其内存地址是随机分配的，所以 p+1 和 pf+1 分别指向各自后面的一个未知变量，*(p+1)和 *(pf+1)的值也是随机的。而指针变量 pi 指向数组 a 的首地址，由于数组在内存中是连续存放的，所以 pi 和 *pi 分别输出数组 a 的第一个元素的地址和数值，(pi+1)和 *(pi+1)则分别输出数组 a 的第二个元素的地址和数值，pj=pi+3，所以 pj 和 *pj 分别为数组 a 的第四个元素的地址和数值。

3. 指针间的减法运算

不是任意的两个指针都可以相减。只有当两个指针都指向同一个数组中的元素时，才允许从一个指针减去另一个指针，相减的结果表示两指针间相距的元素个数，也就是说两指针变量相减的结果与所指元素的下标相减结果是相同的。例如：

```
int a[10];
int *p1=&a[1];
int *p2=&a[6];
```

则：p2-p1=5。

应当注意:指针变量相减与整数相减在外形上有些类似,但这两种运算有着本质的不同。

【例7-4】 计算已知字符串的长度。

```cpp
/* example7-4. cpp */
#include <stdio. h>
void main()
{
    int i;
    char str[]="C Language";
    char  *p, *q;
    i=0;
    p=q=str;
    while(str[i++]!='\0') q++;
    printf("The length of string is %d\n",q-p);
}
```

程序的运行结果为:

The length of string is 10

7.2.3 指针的关系运算

两指针间的关系运算是比较两个指针所指向的地址关系。指针的关系运算有:<、<=、>、>=、!=、==。

指向同一个数组的两个指针可以进行比较。如果两个指向同一个数组的指针相等,则表示这两个指针是指向同一个元素,否则两个指针不等,表示这两个指针不是指向同一个元素,而是指向两个不同的元素。任意的毫无关联的两个指针进行比较是毫无意义的。

例如,若 p1 和 p2 指向同一数组,则

(1)p1<p2 表示 p1 指向的元素在前

(2)p1>p2 表示 p1 指向的元素在后

(3)p1==p2 表示 p1 与 p2 指向同一元素

7.3 指针与数组

每一个变量在内存中都有一个存储地址,数组也一样。一个数组包含若干元素,每个数组元素都在内存中,也都有相应的地址,并且这些地址是连续的,数组名就是数组的起始地址。指针变量可以指向变量,当然也可以指向数组或数组元素。

所谓数组的指针指的是数组的首地址,而数组元素的地址称为数组元素的指针。

7.3.1 指向一维数组的指针

C 语言中数组名是表示数组首地址的地址常量。因此,数组名是一个常量指针。例如:

int a[5]，*p；

p＝a； //等效于 p＝&a[0]；

指针 p 与数组 a 的存储关系如图 7-6 所示。

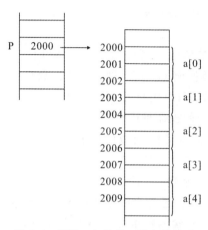

图 7-6 指针 p 与数组 a 的存储关系

如上所述,若指针变量 p 指向数组 a 的首地址,则:

(1)a、&a[0]、p 都可以表示数组 a 的首地址。

(2)数组元素 a[i]的地址用 &a[i]、p＋i 或 a＋i 表示是等价的。

(3)对数组元素 a[i]的引用有两种方法:

①下标法:如 a[i]或 p[i];

②指针法:如用 *(a＋i)或 *(p＋i)来表示。

【例 7-5】 分别使用下标法、指针法访问数组元素。

```
/* example7-5.cpp */
#include <stdio.h>
void main()
{
    int a[10],*p,i;
    for(i=0;i<10;i++)
        a[i]=i+1;
    for(i=0;i<10;i++)
        printf("%d",a[i]);
    printf("\n");
    for(i=0;i<10;i++)
        printf("%d", *(a+i));
    printf("\n");
    for(p=a;p<a+10;p++)
        printf("%d", *p);
}
```

程序的运行结果为：

1　2　3　4　5　6　7　8　9　10

1　2　3　4　5　6　7　8　9　10

1　2　3　4　5　6　7　8　9　10

说明：

例 7-5 中使用三种方法能够输出同样的结果，但它们的效率是不同的。采用下标法访问数组元素时，要先将 a[i]转换成 *(a+i)，即先计算出数组元素的地址，然后再找到它指向的存储单元，读出或写入它的值；而用指针变量 p 指向数组元素时，则不必每次计算数组元素地址。特别是像 p++这样的操作是比较快的。

使用指针变量 p 指向数组的元素，可以使用 p++、p－－、++p、－－p 来改变 p 的值从而指向不同的元素，这是允许的。但 a++、a－－、++a、－－a 是错误的，因为数组名 a 是表示数组 a 的首地址的地址常量，是不会改变的。

在使用指针访问数组元素时，是完全根据地址来访问元素的，系统不作"下标是否越界"的检查。例如对上述有 10 个元素的数组 a，如果引用 a[10]或 *(p+10)，如" *(p+10)＝11;"，由于 C 编译系统并不认为下标越界不合法，就会执行对 a[10]的赋值，如果 a[10]原来是其他变量的存储单元，而且已经有确定的值，就有可能发生破坏有用数据的情况，产生不良后果。

使用指向数组元素的指针变量时，应当注意指针变量的当前值。例如：

```
main()
{
    int i,*p,a[5];
    p=a;
    for(i=0;i<5;i++)
        scanf("%d",p++);
    printf("\n");
    for(i=0;i<5;i++,p++)
        printf("%d",*p);
}
```

则程序运行结果为：

1　2　3　4　5

1703736　1　1703808　4199161　1

显然输出的数值并不是 a 数组中各元素的值。这是因为指针变量 p 的初始值为数组 a 的首地址，但是经过第一个 for 循环输入数据后，p 指向数组 a 的末尾。因此在执行第二个 for 循环输出数据时，p 的起始值并不是 &a[0]，而是 a+5，因此 p 指向的是数组 a 中第 5 个元素后面的元素，而这些单元中的值是不可预料的。如果在第二个 for 循环之前加一个赋值语句：

p=a;

使 p 重新指向数组 a 的首地址，结果就正确了。程序应为：

```
void main()
{
    int i, *p,a[5];
    p=a;
    for(i=0;i<5;i++)
        scanf("%d",p++);
    printf("\n");
    p=a;
    for(i=0;i<5;i++,p++)
        printf("%d", *p);
}
```

则程序运行结果为：

1 2 3 4 5↙

1 2 3 4 5

7.3.2 用指针访问二维数组

1. 二维数组的地址

使用指针变量可以指向一维数组中的元素，也可以指向二维数组中的元素。二维数组是一维数组的推广，可以把二维数组的每一行看作是一维数组，其中每个数组元素都是一维数组。例如：

int a[3][4]={{1,2,3,4},{5,6,7,8},{9,10,11,12}};

则此数组 a 可分解为三个一维数组，即 a[0],a[1],a[2]。每一个一维数组又含有四个元素。例如 a[0]数组，含有 a[0][0],a[0][1],a[0][2],a[0][3]四个元素。设数组 a 的首地址为1000，则 a 中的地址与元素关系如图 7-7 所示。

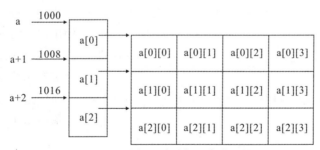

图 7-7 二维数组地址与元素关系图

a 是二维数组 a[3][4]的首地址，也是 a[0]，即第 0 行元素的首地址。同理，a+1 是二维数组第 1 行的首地址，因此 a+i 是二维数组第 i 行的首地址。*(a+0)或 *a 是与 a[0]是等效的，它表示一维数组 a[0]的第 0 号元素的首地址，&a[0][0]是二维数组 a 的第 0 行第 0 列元素的首地址，因此，a,a[0], *(a+0), *a,&a[0][0]是相等的。由此可得出：a+i,a[i], *(a+i),&a[i][0]是等同的。则 *(a+i)+j 是二维数组 a 的第 i 行第 j 列元素的首地址，它等于 &a[i][j]。通过指针访问二维数组的不同形式如表 7-1 所示。

表 7-1　通过指针访问二维数组的不同形式

表示形式	含义
a	二维数组名,指向一维数组 a[0],即第 0 行首地址,相当于 &a[0][0]
a,(a+0)	第 0 行第 0 列元素的地址,相当于 &a[0][0]
a+i,&a[i]	指向一维数组 a[i],即第 i 行首地址,相当于 &a[i][0]
*(a+i),a[i]	第 i 行第 0 列元素的地址,相当于 &a[i][0]
*(a+i)+j,a[i]+j	第 i 行第 j 列元素的地址,相当于 &a[i][j]
((a+i)+j),*(a[i]+j)	第 i 行第 j 列元素 a[i][j]的值,相当于 a[i][j]

【例 7-6】　二维数组不同形式的表示。

```
/* example7-6. cpp */
# include <stdio. h>
void main()
{
    int a[3][3]={1,2,3,4,5,6,7,8,9};
    printf("a:%lu,a+1:%lu,a+2:%lu\n",a,a+1,a+2);
                                        //输出第 0、1、2 行的首地址
    printf(" *a:%lu, *(a+1):%lu, *(a+2):%lu\n", *a, *(a+1), *(a+2));
                                        //输出第 0、1、2 行中第 0 列元素地址
    printf("%lu,%lu,%lu\n", *a, *a+1, *a+2);
                                        //输出第 0 行中 3 个元素的地址
    printf("%lu,%lu,%lu\n", *(a+1), *(a+1)+1, *(a+1)+2);
                                        //输出第 1 行中 3 个元素的地址
    printf("%lu,%lu,%lu\n", *(a+2), *(a+2)+1, *(a+2)+2);
                                        //输出第 2 行中 3 个元素的地址
    printf("&a[0]:%lu,&a[1]:%lu,&a[2]:%lu\n",&a[0],&a[1],&a[2]);
                                        //输出第 0、1、2 行的首地址
    printf("a[1][2]:%4d,%4d,%4d,\n", *(*(a+1)+2), *(a[1]+2),a[1][2]);
                                        //输出第 1 行第 2 列元素的值
}
```

程序的运行结果为:
```
a:1703708,a+1:1703720,a+2:1703732
 *a:1703708, *(a+1):1703720, *(a+2):1703732
1703708,1703712,1703716
1703720,1703724,1703728
1703732,1703736,1703740
&a[0]:1703708,&a[1]:1703720,&a[2]:1703732
```

a[1][2]: 6, 6, 6,

2. 指向二维数组元素的指针变量

当指针变量指向二维数组的某个元素时,利用指针变量处理该数组元素和处理一维数组元素的方法相同。指向二维数组元素的指针变量称为元素指针或列指针。

【例 7-7】 用指向元素的指针变量输出二维数组元素的值。

```
/* example7-7.cpp */
#include <stdio.h>
void main()
{
    int a[3][4]={0,1,2,3,4,5,6,7,8,9,10,11};
    int *p,i,j;
    p=a[0];
    for(i=0;i<3;i++)
    {
        for(j=0;j<4;j++)
            printf("%4d",*(p+(i*4+j)));
        printf("\n");
    }
}
```

程序的运行结果为:

```
0   1   2   3
4   5   6   7
8   9   10  11
```

上例中,也可以将元素 a[0][0] 的地址赋给指针 p,如:

p=&a[0][0];

但是如果写成下列语句则是错误的:

p=a;

这是因为指针 p 指向 int 型数据,而二维数组名 a 是行指针,表示数组 a[0] 的首地址,即 a 的数组元素是一维数组,因此不能将二维数组名 a 赋给指针 p。

3. 指向一维数组的指针变量

C 语言还提供了一种能指向多个元素的指针,即指向由 N 个元素组成的一维数组的指针变量(行指针)。一个二维数组相当于多个一维数组,通过指向整个一维数组的指针变量,也可以完成二维数组数据的操作。

指向一维数组的指针变量的定义的形式为:

数据类型 (*指针变量)[N];

其中,"*"表示其后的变量名为指针类型,[N]表示目标变量是一维数组,并说明一维数组元素的个数为 N,即二维数组的列长度,"数据类型"是定义一维数组元素的类型。

然后,可用初始化或赋值方式将该指针变量指向二维数组的首地址。

初始化方式:数据类型(∗指针变量)[N]＝二维数组名;

赋值方式:指针变量＝二维数组名;

例如:

int a[3][4];

int (∗p)[4];

p＝a;

注意:

①定义这种指针变量时,"∗指针变量"外的圆括号不能缺少,否则成了指针数组。

②定义这种指针变量时,N 必须是整型常量表达式,并且其值等于希望指向的一维数组的长度。

③定义这种指针变量后,初始化或赋值时应该赋予二维数组的首地址,然后用表达式方式来获得二维数组中某个一维数组的首地址。如:二维数组中第 i 行对应的一维数组的首地址可以表示为:

∗(指针变量＋i)　　//等价于指针变量[i]

然后就可以用像处理一维数组元素的方式来处理这个二维数组中已指向的一维数组。对于二维数组元素的引用格式如下:

二维数组元素的地址:∗(指针变量＋行下标)＋列下标

二维数组元素:∗(∗(指针变量＋行下标)＋列下标)

指向一维数组的指针变量与二维数组的关系如图 7-8 所示。

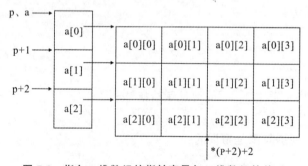

图 7-8　指向一维数组的指针变量与二维数组的关系

【例 7-8】 用指向一维数组的指针变量输出二维数组元素的值。

```cpp
/* example7-8. cpp */
#include <stdio. h>
void main()
{
    int a[3][4]={0,1,2,3,4,5,6,7,8,9,10,11};
    int (*p)[4],i,j;
    p=a;
    for(i=0;i<3;i++)
    {
```

```
    for(j=0;j<4;j++)
       printf("%4d", *( *(p+i)+j));
    printf("\n");
  }
}
```

程序的运行结果为：

```
0   1   2   3
4   5   6   7
8   9   10  11
```

①一般地，认为指向数组的指针就是指向该数组首元素的指针，例如：

int a[5][3],(*pa)[3];

其中，a 是一个二维数组的数组名，pa 是一个指向数组的指针名。pa 是一个指向每列有 3 个元素的二维数组的指针。例如：

pa=a;

则表示指针 pa 指向二维数组 a，指向数组的指针的表示与指针数组的表示很相似，使用时要注意其区别。例如：

float m[3][2], *p1[3],(*p2)[2];

这里，m 是一个二维数组名，p1 是一个一维一级指针数组名。所谓指针数组就是数组的元素为指针的数组。p1 是指针数组名，数组 p1 有 3 个元素，每个元素是一个一级指针，该指针指向 float 型变量，p2 是一个指向数组的指针，它指向一个每列有 2 个元素的二维数组。可见，p1 和 p2 的表示形式很相似，前者是指针数组，后者是指向数组的指针，其含义是完全不同的。

②指向数组元素的指针一般是指向该数组的任何一个元素。例如：

float n[10][5], *p;
p=&n[5][1];

这里，p 是一个指向 float 型变量的指针，将数组 n 的某个元素的地址值，如 &n[5][1] 赋给该指针 p，则 p 便是一个指向数组 n 的某个元素的指针。一般地，指向数组元素的指针是一个指向该数组元素所具有的类型的变量的指针，它与指向数组的指针在表示上是有区别的。

7.3.3 用指针访问字符串

如前所述，字符串是存放在字符数组中的。因此对字符串的操作，可以定义一个字符数组，也可以定义一个字符指针，通过指针的指向来访问相应的字符。

【例 7-9】 两个字符串的比较。编写一个函数，对两个字符串 s1 和 s2 进行比较。如果 s1=s2，返回值为 0，如果 s1≠s2，返回两个字符串第一个不同字符的 ASCII 码差值。用指针实现。

【问题分析】使用两个指针 p 和 q 分别指向字符串 s1 和 s2 的首地址，依次对所指向的字符进行比较，如果 s1 和 s2 的长度相等且所有对应的字符都相等，则返回值 0，否则返回 *p− *q。

【程序实现】

```
/* example7-9. cpp */
#include <stdio. h>
compare(char *p,char *q)
{
  while( *p&& *q)
    if( *p== *q)
    {
      p++;q++;
    }
    else
      break;
  return ( *p- *q);
}
main()
{
  char s1[20],s2[20], *p1, *p2;
  printf("请输入字符串 1:\n");
  scanf("%s",s1);
  printf("请输入字符串 2:\n");
  scanf("%s",s2);
  p1=s1;
  p2=s2;
  printf("结果为:%d\n",compare(p1,p2));
}
```

程序的运行结果为:

请输入字符串 1:

China↙

请输入字符串 2:

Chinese↙

结果为:—4

上述例子中,定义了两个字符数组 s1 和 s2,p1 和 p2 是指向字符数据的指针变量,将数组 s1 和 s2 的起始地址分别赋给 p1 和 p2,然后使用指针分别对两个字符串进行比较。

也可以不定义字符数组,而直接用一个指针变量指向一个字符串常量,例如:

char *p="abcd";

注意:该语句的作用是使指针变量 p 指向字符串的首地址,而不是将字符串中的字符赋给 p,因为 p 是指向字符数据的指针变量,它的值是地址。上述语句等价于下面两条语句:

char *p;

p="abcd";

可以用赋值方式使指针变量指向字符串常量,但是不允许将字符串常量赋值给字符型数组。例如,下列的语句是错误的:

char s[10];

s="abcd";

因为 s 是数组名,是一个地址常量。

指向字符型变量的指针除了具有一般的指针所具有的性质外,还具有另外的特性。如:

char *p;

则 p 可以指向字符、字符数组,也可以指向一个字符串。

当一个字符型指针变量已指向某个字符串常量,就可以利用指针变量来处理这个字符串。处理的方式主要有两种:

(1)处理整个字符串

输入新的字符串代替原字符串:scanf("%s",指针变量);

输出字符串:printf("%s",指针变量);

(2)处理字符串中的单个字符

第 i 个字符的表示方法:*(指针变量+i)或指针变量[i]

【例 7-10】 利用字符指针实现对字符数组的操作。

```cpp
/* example7-10. cpp */
#include <stdio. h>
#include <string.h>
main()
{
  char str[20]="This is a string.", *p=str;
  int i;
  printf("通过指针输出数组元素:\n");
  printf("1. 整个字符串的输出:\n%s\n",p);
  printf("2. 单个元素输出——指针法:\n");
  while( *p!='\0')
  {
    printf("%c", *p);
    p++;
  }
  printf("\n");
  p=str;
  printf("3. 单个元素输出——下标法:\n");
  for(i=0;i<strlen(str);i++)
    printf("%c",p[i]);
  printf("\n");
}
```

程序的运行结果为：

通过指针输出数组元素：

1. 整个字符串的输出：

This is a string.

2. 单个元素输出——指针法：

This is a string.

3. 单个元素输出——下标法：

This is a string.

用字符数组和字符指针变量都能实现字符串的存储和运算,但它们二者之间是有区别的,不应混为一谈,主要有以下几点：

(1)字符数组由若干个元素组成,每个元素中放一个字符,而字符指针变量中存放的是地址(字符串第 1 个字符的地址),而不是将字符串放到字符指针变量中。

(2)赋值方式不同。对字符数组不能整体赋值,只能对单个元素进行赋值。而字符指针变量赋值可整体进行赋值。例如：

```
char *p;p="C Language!";          //正确
char str[20];str[0]='C';          //正确
char str[20];str="C Language!";   //错误
```

(3)初始化方式不同。例如：

```
char *p="C Language!";
```

等价于

```
char *p;p="C Language!";
```

而

```
char str[20]="C Language!";
```

不等价于

```
char str[20];
str[]="C Language!";
```

(4)在定义一个字符数组时,编译时即已分配内存单元,有确定的地址。而定义一个字符指针变量时,给指针变量分配内存单元,但该指针变量具体指向哪个字符串,并不知道,即指针变量存放的地址不确定。例如：

```
char s[10], *p;
scanf("%s",s);   //正确
scanf("%s",p);   //危险,p 的指向不确定
```

如果改为：

```
p=s;
scanf("%s",p);  //正确
```

(5)指针变量的值是可以改变的,而字符数组名是一个地址常量,不能改变。例如：

```
char *p="C Language!";
```

```
    p=p+2;          //正确
```
而
```
    char str[20]="C Language!";
    str=str+2;      //错误
```

7.3.4 指针数组

【例 7-11】　编写程序,对一组英文单词字符串按照由小到大的顺序进行排序。要求每个字符串用字符指针变量实现。

【问题分析】一个字符指针变量指向一个字符串,则该组英文单词字符串需要一组字符指针变量,即用字符指针数组来保存每一个字符串。

【程序实现】
```cpp
/* example7-11. cpp */
#include <stdio. h>
#include <string.h>
void sort(char *s[],int n)
{
  char *temp;
  int i,j,k;
  for(i=0;i<n-1;i++)
  {
    k=i;
    for(j=i+1;j<n;j++)
      if(strcmp(s[k],s[j])>0)
        k=j;
    if(k!=i)
    {
      temp=s[i];
      s[i]=s[k];
      s[k]=temp;
    }
  }
}
void main()
{
  char *wp[5]={"C Language","Java","Python","Basic","Fortran"};
  int i;
  printf("原字符串序列为:\n");
  for(i=0;i<5;i++)
```

```
        printf("%s\n",wp[i]);
    sort(wp,5);
    printf("排序后的字符串序列为:\n");
    for(i=0;i<5;i++)
        printf("%s\n",wp[i]);
}
```

程序运行结果为:

原字符串序列为:

C Language

Java

Python

Basic

Fortran

排序后的字符串序列为:

Basic

C Language

Fortran

Java

Python

上述程序中的数组 wp 是指针类型,共有 5 个元素,每一个元素都是指向字符型数据的指针变量,分别指向 5 个字符串常量。一个数组,如果每个元素都是指针类型的,则它就是指针数组。也就是说,指针数组中的每个元素都相当于一个指针型变量,只能存放地址型数据。

1. 指针数组的定义

指针数组定义的一般形式为:

[存储类型]数据类型　＊数组名[元素个数];

函数语义:定义指向"数据类型"变量或数组的指针型数组,指针数组中的元素具有指定的"存储类型"。

例如:int *p[4];

数组 p 是指针类型,共有 4 个元素:p[0],p[1],p[2],p[3]。每一个元素都是指向整型变量的指针。

注意:语句中指针型数组的书写格式,不能写成"(＊数组名)[元素个数]",因为这是定义指向含有"元素个数"个元素的一维数组的指针变量。如:

int (*p)[4];　　　//p 是一个指向有 4 个整型元素的数组的指针变量

2. 指针数组赋值与初始化

可以在定义指针数组的同时进行初始化,如:

char *wp[5]={"C Language","Java","Python","Basic","Fortran"};

int a,b,c,* p[3]={&a,&b,&c};"

也可以利用赋值语句给指针数组元素赋值。如：

int b[2][3]，*pb[2]；

pb[0]=b[0]；

pb[1]=b[1]；

3. 二维数组与指针数组的区别

通常可用指针数组来处理字符串和二维数组。例如：

char grades[4][10]={"excellent","good","pass","fail"}；

char *gradep[4]={"excellent","good","pass","fail"}

用二维数组时每行的长度是相同的，如 grades 是一个 4×10 的二维数组；使用指针数组时，并未定义行的长度，只是在内存中分别存储了长度不同的字符串，然后用指针数组中的元素分别指向它们。如图 7-9 所示。指针数组元素的作用相当于二维数组的行名，但指针数组中元素是指针变量，而二维数组的行名是地址常量。

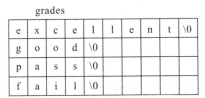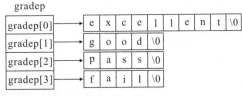

图 7-9 二维数组与指针数组在内存中的存储方式

7.4 指针作函数参数

前面的章节中我们介绍了简单变量、数组名或函数名可以作为函数的参数，现在我们介绍用指针作为函数参数。我们知道，如果简单变量作为函数参数，在形参与实参结合时进行的是单向值传递，实参把数据的值赋给形参，如果形参的值在子函数运行过程中发生改变，也不会影响到主调函数的实参的值。若函数的参数类型为指针型，则实参与形参的传递是一种"传址"方式，即形参与实参共有一个地址。如果函数中有对形参值的改变，实际上也就是修改了实参的值。另外当使用指针作为函数的参数时，可以从函数中得到多个返回值。

7.4.1 简单变量指针作函数参数

1. 解决【例 7-1】的程序。

```
#include <stdio.h>
void swap(int *p1,int *p2)
{
  int temp;
  temp= *p1;
  *p1= *p2;
  *p2=temp;
}
```

```
void main()
{
    int a,b, *t1=&a, *t2=&b;
    printf("请输入变量 a 和 b 的值:\n");
    scanf("%d%d",&a,&b);
    printf("调用交换函数前:\n a=%d,b=%d\n",a,b);
    swap(t1,t2);   //调用函数,交换 a、b 的值
    printf("调用交换函数后:\n a=%d,b=%d\n",a,b);
}
```

程序运行结果为:

请输入变量 a 和 b 的值:

10,20✓

调用交换函数前:

a=10,b=20

调用交换函数后:

a=20,b=10

在未调用 swap 函数时,在 main 函数中,首先将变量 a、b 的地址分别赋给指针变量 t1、t2,并输入 a、b 的值,如图 7-10(a)所示。在调用 swap 函数时,指针变量 t1、t2 的值分别传给指针变量 p1、p2,即 t1 和 p1 都指向变量 a,t2 和 p2 都指向变量 b,如图 7-10(b)所示。然后执行 swap 函数,交换指针变量 p1 和 p2 所指向变量的值,即交换了变量 a 和 b 的值,如图 7-10(c)所示。调用结束后,在 main 函数中输出变量 a 和 b 的值,则 a 和 b 的值实现了交换,如图 7-10(d)所示。

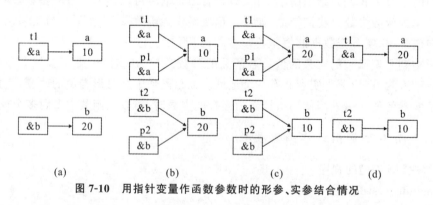

图 7-10　用指针变量作函数参数时的形参、实参结合情况

2. 鸡兔同笼问题(函数实现)。

【例 7-12】　鸡有 2 只脚,兔子有 4 只脚,假设笼子里有 m 个头和 n 只脚,问鸡和兔各有几只? 要求用函数实现。

【问题分析】由于程序需要返回两个计算结果,而在函数中使用 return 语句只能返回一个计算结果,所以考虑使用指针作为函数的参数,可以从函数中得到多个返回值。

程序代码如下:

第 7 章 指 针 | 151

```
/* example7-12. cpp */
#include <stdio. h>
void CockRabbit(int m,int n,int  *p1,int  *p2)
{
  int x,y;
  for(x=0;x<=m;x++)
  {
    y=m-x;
    if(x*2+y*4==n)   break;
  }
  if(x<=m)
  {
    *p1=x; *p2=y;
  }
  else
  {
    *p1=0; *p2=0;
  }
  return;
}
void main()
{
  int m,n,cn,rn;
  printf("请输入笼子中动物头和脚的数目:\n");
  scanf("%d,%d",&m,&n);
  CockRabbit (m,n,&cn,&rn);
  if(cn!=0 || rn!=0)
    printf("笼子里共有鸡%d 只,兔子%d 只!\n",cn,rn);
  else
    printf("输入数据无解!\n");
}
```

程序运行结果为:

请输入笼子中动物头和脚的数目:

10,28

笼子里共有鸡 6 只,兔子 4 只!

7.4.2 指向数组的指针作函数参数

在前面的章节中介绍了用数组名作为函数参数的情况,数组名代表数组的首地址,因此用数组名作函数参数传递的是地址,是一个指针,因此指向数组的指针变量也可以作为函数的参数。

【例 7-13】 用插入排序法实现将数组中的 N 个元素从小到大排序。

【问题分析】采用实参与形参都是指针变量的形式,main 函数中定义指针变量 p 并指向一维数组 a,在调用排序函数时,实参 p 的值(数组 a 的首地址)传递给形参指针变量 arr,则 arr 也是指向数组 a 的首地址,就可以用指针变量名和下标的形式来访问数组元素,从而实现对数组元素的排序。

程序代码如下:

```cpp
/* example7-13. cpp */
#include <stdio. h>
#define N 10
void insert(int *arr,int n);
void main()
{
  int a[N], *p=a,i;
  printf("请输入%d 个整数:\n",N);
  for(i=0;i<N;i++)
    scanf("%d",&a[i]);
  insert(p,N);
  printf("排序后的结果为:\n");
  for(i=0;i<10;i++)
    printf("%d",a[i]);
}
void insert(int * arr,int n)
{
  int i,j,key;
  for(i=1;i<n;i++)
  {
    key=arr[i];
    for(j=i-1;j>=0 && arr[j]>key;j--)
    {
      arr[j+1]=arr[j];
    }
    arr[j+1]=key;
  }
}
```

程序运行结果如下:

请输入 10 个整数:

12 8 23 4 27 34 10 2 17 9↙

排序后的结果为：

2 4 8 9 10 12 17 23 27 34

【例 7-14】　有 4 个学生，每人考 5 门课，计算每个学生的平均分数。

程序代码如下：

```
/* example7-14. cpp */
#include <stdio. h>
void main()
{
    void average(float( *p)[5],int n);
    float score[4][5]={{87,79,82,80,76},{90,87,89,91,92},{78,69,80,76,75},
    {70,65,81,69,71}};
    average(score,4);
}
void average(float( *p)[5],int n)
{
    int i,j;
    float sum,ave;
    printf("每个学生的平均分为:\n");
    for(i=0;i<n;i++)
    {
        sum=0;
        for(j=0;j<5;j++)
            sum=sum+ *( *(p+i)+j);
        ave=sum/5;
        printf("No.%d:%5. 2f\n",i+1,ave);
    }
}
```

程序运行结果为：

每个学生的平均分为：

No.1:80. 80

No.2:89. 80

No.3:75. 60

No.4:71. 20

函数 average 的形参 p 定义为指向一维数组的指针变量，main 函数中的实参 score 也是指向数组第 0 行的指针，在 average 函数中求出一行 5 个元素值之和时用到 *(*(p+i)+j)，其中 *(p+i)表示是第 i 行第 0 列元素的地址，*(p+i)+j 是第 i 行第 j 列元素的地址，*(*(p+i)+j)是第 i 行第 j 列元素的值。

7.4.3 字符串指针作函数参数

【例 7-15】 从键盘输入一串字符,用指针方式编写统计字符串长度的函数。

【问题分析】采用数组名作实参,指针变量作形参的形式,main 函数中定义字符数组,从键盘输入字符串,然后调用函数 len_string,将实参即字符数组的首地址传递给形参——指针变量 p,则 p 指向字符串中的第一个字符,然后通过指针变量 p 实现对字符串长度的统计。

程序代码如下:

```c
/* example7-15. cpp */
#include <stdio. h>
void main()
{
  int len_string(char *p);
  char str[30];
  printf("请输入字符串:\n");
  gets(str);
  printf("字符串的长度为:%d\n",len_string(str));
}
int len_string(char *p)
{
  int len=0;
  for(;*p!='\0';p++)
    len++;
  return len;
}
```

程序运行结果为:

请输入字符串:

The length of string↙

字符串的长度为:20

7.4.4 指针数组作函数参数

指针数组的元素是指针变量,可以用指针数组中各个元素分别指向若干个字符串,使字符串处理更加方便灵活。

【例 7-16】 在一组字符串中查找指定的字符串,要求用指针实现。

【问题分析】定义指针数组存储 N 个字符串,设置变量 index 存放与指定字符串相等的字符串的序号,若不存在指定字符串,返回值为 0。

程序代码如下:

```c
/* example7-16. cpp */
#include <stdio. h>
```

```
#include <string.h>
#define N 5
void main()
{
    int indexstr(char *name[],int n,char *ss);
    char *wp[N]={"C Language","Java","Python","Basic","Fortran"};
    char str[30];
    int index;
    printf("请输入要查找的字符串:\n");
    scanf("%s",str);
    index=indexstr(wp,N,str);
    if(index)
        printf("输入的字符串序号为%d\n",index);
    else
        printf("该字符串不存在!\n");
}
int indexstr(char *name[],int n,char *ss)
{
    int i;
    for(i=0;i<N;i++)
        if(strcmp(name[i],ss)==0)
            return i+1;
    return 0;
}
```

程序运行结果为:

请输入要查找的字符串:

Java✓

输入的字符串序号为 2

*7.4.5 使用带参数的 main()函数

我们在前面的章节中使用的 main 函数都是不带参数的(即 main 函数的第一行是:main())。实际上,main 函数是可以带参数的,这个参数可以看作是 main 函数的形式参数。C 语言规定 main 函数的参数只能有两个,带参数的 main 函数的一般形式如下:

main(int argc,char *argv[])

其中第一个形参 argc 是整型变量,是命令行中参数的个数(可执行文件名本身也算一个);第二个形参 argv 是指向字符串的指针数组,其元素都是指向字符型数据。

这两个参数的值从哪里传递来呢? 因为按照 C 语言的规定,main 函数是主函数,不能被其他函数调用。因此不可能在程序内部使 main 函数的形参获取值。那么,该如何把实参值赋给 main 函数的形参呢？实际上，main 函数的参数值是从操作系统命令行上获得的。当我们要运行一个可执行文件时，在 DOS 提示符下除了输入文件名外，还可以输入一个或多个字符串作为实参，传递给 main 函数的形参。

DOS 提示符下命令行的一般形式为：

可执行文件名　参数 1　参数 2…　参数 n

【例 7-17】　带参数的 main()函数的应用：显示命令行中输入的参数。

【程序实现】

```
/* example7-17. cpp */
#include <stdio. h>
void main(int argc,char  *argv[])
{
  printf("命令行中输入的参数有:\n");
  while(argc>1)
  {
    ++argv;
    printf("%s\n", *argv);
    argc--;
  }
}
```

源程序 example7-17. cpp 经过编译链接后得到目标文件名为 example7-17. exe,如果从键盘输入的命令行为：

example7-17 C_Language Programming

则屏幕显示运行结果为：

命令行中输入的参数有：

C_Language

Programming

注意 main()函数的参数传递规律。第一个形参 argc 是表示命令行中参数的个数，在上例命令行中有三个字符串，因此 argc 的值为 3。指针数组 argv 中的 argv[0]指向第一个字符串"example7－17",argv[1]指向第二个字符串"C_Language",argv[2]指向第三个字符串"Programming"。

7.5 返回指针值的函数和指向函数的指针变量

7.5.1 返回指针值的函数

一个函数被调用之后可以带回一个值返回到主调函数，这个值可以是整型、字符型、实型等类型，也可以带回一个指针型的数据，即地址。

返回指针值的函数的一般定义形式如下：

数据类型　*函数名(参数表)

　　{函数体}

函数语义：定义一个函数,该函数返回一个指向指定数据类型的指针。

"数据类型"表明函数返回指针的类型,"函数名"和"*"标识了一个返回指针值的函数,"参数表"是函数的形参列表。

例如：

int　*fun(int x,int y)

{

　　　⋮　　　　/* 函数体 */

}

它表示 fun 是一个函数,它带回一个指针,这个指针是指向整型数据的,x、y 是形参。

【例 7-18】　编写一个函数,利用指针实现对两个字符串的连接运算,即将一个字符串 str2 接到字符串 str1 后面,原来 str1 最后的"\0"被 str2 的第一个字符取代,函数返回 str1 的首地址。

【问题分析】首先要找到 str1 最后的"\0",将 str2 的第一个字符赋给 str1 中原来存放"\0"的单元,然后依次将 str2 的下一个字符传到 str1 中,直到遇到 str2 中的"\0"为止。并在最后再赋一个"\0"。注意此处的 str1 应有足够的空间以保证能容纳连接后的字符串。

程序代码如下：

```cpp
/* example7-18. cpp */
#include <stdio. h>
char *stringcat(char *str1,char *str2)
{
    char *p;
    p=str1;
    while( *p!='\0 ')p++;
    while( *str2!='\0 ')
    {
        *p++= *str2++;
    }
    *p='\0 ';
    return str1;
}
void main()
{
    char s1[80],s2[30],*sp;
    printf("请输入字符串 1:\n");
    gets(s1);
    printf("请输入字符串 2:\n");
```

```
    gets(s2);
    sp=stringcat(s1,s2);
    printf("连接后的字符串为:\n%s\n",sp);
}
```

程序运行结果为:

请输入字符串1:

Hello World! ↙

请输入字符串2:

Good Morning! ↙

连接后的字符串为:

Hello World!Good Morning!

*7.5.2 指向函数的指针变量

如果在程序中定义了一个函数,在编译时,编译系统为函数代码分配一段存储空间,这段存储空间的起始地址即函数的入口地址,称为这个函数的指针。可以定义一个指向函数的指针变量,用来存放某一函数的起始地址,这就意味着此指针变量指向该函数。通过函数指针,可以对函数进行调用。

指向函数的指针变量的定义形式如下:

数据类型 (*指针变量名)();

作用是定义一个指向函数的指针变量。

其中,"数据类型"指明函数指针所指函数的返回值类型,第一个圆括号中的内容指明一个指向函数的指针变量名,第二个圆括号表示指针变量所指的是一个函数。如:

int (*p)();

它表示指针变量 p 指向一个返回整型值的函数。注意,*p 两侧的圆括号不能省略,否则写成"int *p(int x,int y);"就变成返回指针值的函数了。另外,定义指向函数的指针变量,可以指向一类函数。

定义了指向函数的指针变量后,就可以在指针变量与特定函数之间建立关联,让指针变量指向特定函数。

建立关联的方式为:

指针变量=函数名;

说明:

(1)指针变量只能指向定义时所指定的一类函数。

(2)一个指针变量可以先后指向多个不同的函数。

例如:

p=fun1;

即使指针 p 指向函数 fun1。注意,此处只写函数名不要写参数,因为函数名代表函数的入口地址。

指针变量一旦指向某函数,利用指针所指向的变量可以实现函数调用。

一般调用形式如下：

(＊指针变量)(实参表)；

例如：(＊p)(x,y)，相当于 fun1(x,y)。

【例 7-19】 用指向函数的指针变量调用函数求两个数中的最大值。

程序代码如下：

```
/* example7-19. cpp */
#include <stdio. h>
int max(int x,int y)
{
    return((x>=y)? x:y);
}
void main()
{
    int a,b,max1,max2;
    int( *p)(int x,int y);
    printf("请输入两个整数:\n");
    scanf("%d,%d",&a,&b);
    p=max;
    max1=max(a,b);
    max2=( *p)(a,b);
    printf("a=%d,b=%d\n max1=%d\n max2=%d\n",a,b,max1,max2);
}
```

程序运行结果为：

请输入两个整数：

5,9↙

a=5,b=9

max1=9

max2=9

程序中分别用函数名和指向函数的指针变量来调用函数 max，从运行结果可以看到两种方法的结果是相同的。

函数指针变量常用的用途之一是把指针作为参数传递到其他函数。指向函数的指针也可以作为参数，以实现函数地址的传递。由于该指针变量可以先后指向多个不同的函数，就可以在被调用函数中调用不同的函数。

【例 7-20】 编写一个程序，给出一个一维数组的元素值，先后三次调用一个函数，分别求数组的最大值、最小值和数组元素值之和。

【问题分析】定义三个函数分别实现求数组的最大值、最小值和数组元素值之和。另外定义一个函数以实现调用一个函数并输出此函数的返回值，该函数的参数有三个，其中第三个参数为指向函数的指针变量，在调用该函数时，由实参将需要调用的函数的地址传给该形参指针变量。

程序代码如下：

```cpp
/* example7-20. cpp */
#include <stdio. h>
#define N 6
int arr_max(int a[],int n)
{
  int i,max=a[0];
  for(i=1;i<n;i++)
    if(a[i]>max) max=a[i];
  return (max);
}
int arr_min(int a[],int n)
{
  int i,min=a[0];
  for(i=1;i<n;i++)
    if(a[i]<min) min=a[i];
  return(min);
}
int arr_sum(int a[],int n)
{
  int i,sum=0;
  for(i=0;i<n;i++)
    sum+=a[i];
  return(sum);
}
void fun(int a[],int n,int ( *p)(int a[],int n))
{
  int result;
  result=( *p)(a,n);
  printf("%d\n",result);
}
void main()
{
  int a[N],i;
  printf("请输入数组中%d个元素值:\n",N);
  for(i=0;i<N;i++)
    scanf("%d",&a[i]);
```

```
    printf("数组中的最大值为:");
    fun(a,N,arr_max);
    printf("数组中的最小值为:");
    fun(a,N,arr_min);
    printf("数组元素值之和为:");
    fun(a,N,arr_sum);
}
```

程序运行结果为:

请输入数组中 6 个元素值:

5 7 3 9 1 6↙

数组中的最大值为:9

数组中的最小值为:1

数组元素值之和为:31

*7.6 多级指针

若一个指针的基类型是另外一种指针,则称此指针为多级指针或指针的指针。以常用的二级指针为例,直接存放简单变量地址的指针变量叫一级指针变量,如果一个指针变量中存放另一个指针变量的地址,则称这个指针变量为指向指针的指针变量或者叫二级指针变量。

二级指针变量的定义格式为:

类型标识符 **变量标识符;

注意:一级指针与二级指针的类型说明符应该一致,即为一级指针所指向的数据的类型。

例如:

int i=2;

int *p=&i;

int **q=&p;

指针变量 p 直接指向普通变量 i,则 p 为一级指针变量,指针变量 q 前面有两个 * 号,相当于 *(*q)。显然 *q 是指针变量的定义形式,相当于定义了一个指向整型数据的指针变量,现在它前面又有一个 * 号,表明指向一个整型指针型变量的指针变量,即 q 指向一级指针变量 p,则 q 为二级指针变量。变量、一级指针变量和二级指针变量的关系如图 7-11 所示。

图 7-11 变量、一级指针变量和二级指针变量的关系

【例 7-21】 利用二级指针输出一组字符串。

【问题分析】定义一个指针数组存储 5 个字符串,定义一个二级指针变量指向指针数组,利用二级指针变量依次输出 5 个字符串。

程序代码如下:

```
/* example7-21. cpp */
# include <stdio. h>
void main()
{
  char *wp[5]={"C Language","Java","Python","Basic","Fortran"};
  char **p=wp;
  int i;
  for(i=0;i<5;i++)
    printf("%s\n", *(p++));
}
```

程序运行结果为:

C Language

Java

Python

Basic

Fortran

7.7 指针程序设计实例

7.7.1 数组元素逆置

【例 7-22】 编程把一个数组中的若干个元素实现就地逆置,即将数组的第一个元素值放到最后一个位置,第二个元素值放到倒数第二个位置……直到最后一个元素值放到第一个位置。

【问题分析】设立两个指针,一个指针指向开头元素,一个指针指向末尾元素,交换两指针所指元素,然后第一个指针后移,第二个指针前移。重复上述步骤,直到两个指针相遇为止。

程序代码如下:

```
/* example7-22. cpp */
# include <stdio. h>
# define N 6
void main()
{
  int a[N],i, *p, *q,temp;
  printf("请输入%d 个数据元素:\n",N);
```

```
for(i=0;i<N;i++)
    scanf("%d",&a[i]);
printf("原数组元素为:\n");
for(i=0;i<N;i++)
    printf("%4d",a[i]);
for(p=a,q=a+N-1;p<q;p++,q--)
{
    temp= *p;
    *p= *q;
    *q=temp;
}
printf("\n 逆置后数组为:\n");
for(i=0;i<N;i++)
    printf("%4d",a[i]);
}
```

程序运行结果为:

请输入 6 个数据元素:

1 3 5 7 9 11↙

原数组元素为:

1　　3　　5　　7　　9　　11

逆置后数组为:

11　　9　　7　　5　　3　　1

7.7.2 求一元二次方程的根

【例 7-23】　求一元二次方程的 $ax^2+bx+c=0$ 的根。要求用函数实现。

问题分析:在主函数中从键盘输入 a、b、c 三个系数,若 $a\neq0$ 且 $b^2-4ac\geqslant0$,调用函数 Equation 进行求解。函数 Equation 有 5 个参数,前三个参数以传值方式接收主函数传递的 a、b、c 三个系数的值,后两个参数以指针传递方式返回函数求得的方程的两个解。

程序代码如下:

```
/* example7-23.cpp */
#include <stdio.h>
#include <math.h>
void Equation(double a,double b,double c,double *p1,double *p2)
{
    double delta=b * b-4 * a * c;
    if(delta==0)
        *p1= *p2=-b/(2 * a);
    else
```

```
    {
        *p1=(-b+sqrt(delta))/(2 * a);
        *p2=(-b-sqrt(delta))/(2 * a);
    }
}
void main()
{
    double a,b,c,x1,x2,delta;
    do{
        printf("请输入一元二次方程的系数:\n");
        scanf("%lf,%lf,%lf",&a,&b,&c);
        delta=b * b-4 * a * c;
    }while((a==0)||delta<0);
    Equation(a,b,c,&x1,&x2);
    printf("该一元二次方程的解为:\n");
    printf("x1=%.2f,x2=%.2f\n",x1,x2);
}
```

程序的运行结果为:

请输入一元二次方程的系数:

1,5,6

该一元二次方程的解为:

x1=-2.00,x2=-3.00

7.7.3 求子串

【例 7-24】 编写函数实现从一个已知字符串的指定位置 start 开始截取长度为 len 的一个子串。

【问题分析】如果 start<1 或 start>已知字符串串长,或 len<1,则提示出错,否则设置两个指针,一个指针指向目标子串的起始位置,一个指针指向已知字符串的第 start 个字符处,依次复制 len 个字符到目标子串,返回目标子串的起始位置。

程序代码如下:

```
/* example7-24. cpp */
#include <stdio. h>
#include <string.h>
#include <malloc.h>
char * sub_string(char *src,char *sub,int start,int len)
{
    int i;
    char *p=sub;
```

```
    for(i=1,src=src+start-1;i<=len&& *src!='\0';i++)
      *p++= *src++;
   *p='\0';
   return sub;
}
void main()
{
   char s[30], *ps;
   int m,n;
   printf("请输入一个字符串:\n");
   gets(s);
   printf("请输入子串的起始位置和长度:\n");
   scanf("%d,%d",&m,&n);
   if(m<1||m>strlen(s)||n<1)
     printf("输入的子串起始位置或长度有误!\n");
   else
   {
     ps=(char *)malloc((n+1) * sizeof(char));
     printf("所求的子串为:%s\n",sub_string(s,ps,m,n));
   }
}
```

程序运行结果为:

请输入一个字符串:

C Language Programming! ↙

请输入子串的起始位置和长度:

3,8↙

所求的子串为:Language

7.7.4 求一个函数的定积分

【例 7-25】　设计一个用矩形法求定积分的通用函数,被积函数的指针,积分的上、下限作为函数的参数。

【问题分析】首先分别定义 3 个函数 fun1、fun2、fun3 用来求解 3 个不同的被积函数,然后定义一个求定积分的通用函数 integral(double(*pfun)(),double a,double b),第一个形参 pfun 是指向被积函数的指针,采用矩形法求函数定积分,形参 b、a 是积分的上、下限。

程序代码如下:

```
/* example7-25. cpp */
# include <stdio. h>
# include <math.h>
```

```
#define N 100
double fun1(double x)
{
    return (2 * x+1);
}
double fun2(double x)
{
    return 1/(1+x * x);
}
double fun3(double x)
{
    return cos(x);
}
double integral(double ( *pfun)(double x),double a,double b)
{
    int i;
    double d=(b-a)/N;
    double sum=0;
    for(i=1;i<=N;i++)
        sum+=d * ( *pfun)(a+i * d);
    return sum;
}
void main()
{
    printf("第一个定积分结果为:%lf\n",integral(fun1,0,1));
    printf("第二个定积分结果为:%lf\n",integral(fun2,0,1));
    printf("第三个定积分结果为:%lf\n",integral(fun3,0,1));
}
```

程序的运行结果为:

第一个定积分结果为:2.010000

第二个定积分结果为:0.782894

第三个定积分结果为:0.839165

 小结

运用指针编程是 C 语言最主要的风格之一,指针极大地丰富了 C 语言的功能。学习指针是学习 C 语言中最重要的一环,能否正确理解和使用指针是衡量我们是否掌握 C 语言的一个标志。

1. 有关指针的数据类型

表 7-2 指针的定义类型

定义	含义
int i;	定义整型变量 i
int *p;	定义指向整型数据的指针变量 p
int a[n];	定义有 n 个整型元素组成的一维数组 a
int *p[n];	定义指针数组 p,由 n 个整型指针组成
int(*p)[n];	定义指向由 n 个整型元素组成的一维数组的指针变量 p
int f();	整型函数 f
int *p();	返回指针值的函数 p,该指针指向整型数据
int(*p)();	指向函数的指针变量 p,所指向的函数返回整型数据
int **p;	p 是二级指针,指向一个指向整型数据的指针

2. 有关指针运算

(1)赋值运算。

指针变量在使用前要与处理的数据之间建立关联,关联的方式有初始化或赋值两种方式。假设有:

int i,a[10], *p, *p1, *p2=&i;

int max(int x,int y);

int(*q)();

则

p=&i;　　　//变量 i 的地址赋给 p,即指针 p 指向 i

p=a;　　　//数组 a 首地址赋给 p

p=&a[i];　　//数组元素 a[i]的地址赋给 p

q=max;　　//函数 max 的入口地址赋给 q

p1=p2;　　//指针 p2 的值赋给指针 p1,即 p1、p2 指向同一个变量

char *pc="C Language";　　//把字符串的首地址赋给指针变量 pc

(2)取地址运算符 &:求变量的地址。

(3)取内容运算符 *:表示指针所指向的变量。

(4)指针的算术运算。

指针变量加/减运算:对于指向数组的指针变量,可以加上或减去一个整数 n。设 p 是指向数组 a 的指针变量,则 p+n,p-n,p++,++p,p--,--p 运算都是合法的。指针变量加或减一个整数 n 的意义是把指针指向的当前位置(指向某数组元素)向前或向后移动 n 个位置。

指针变量相减:当 p1、p2 指向同一个数组的元素,指针相减 p2-p1 等于 p1、p2 间的元素个数。

(5)指针的关系运算。

当两个指针指向同一个数组中的元素时,可以进行<、<=、>、>=、==和!=的关系运算,所指元素在前的指针小于所指元素在后的指针。两个指向不同数组的指针进行比较运算没有任何实际的意义。

任何指针 p 与 NULL 进行"p==NULL"或"p!=NULL"运算均有意义,"p==NULL"的含义是当指针 p 为空时成立,"p!=NULL"的含义是当 p 不为空时成立。

习题

1. 什么是地址? 什么是指针? 什么是指针变量?

2. 有一个二维数组 a[4][5],请说明以下各量的含义:

a,&a[0],a+1,*(a+1),*(*(a+1)+2),&a[1][3],a[1][3]

3. 用指针作为函数的参数,设计一个实现两个参数交换的函数,输入三个实数,按由大到小的顺序输出。

4. 编写一个函数,判断输入的一个字符串是否为回文。所谓回文就是字符串首尾对称,如"xyyx"、"xyzyx"都是回文。

5. 编写程序,利用指针实现统计一个字符串中字母、数字、其他字符的个数。

6. 编写一个函数,利用字符指针编程实现字符串拷贝的功能。

7. 编写一个函数,将 0、1 字符串表示的二进制数转换成对应的十进制数,并返回转换结果。如:输入字符串:"10011001",输出结果:153。

8. 输入一个字符串,将字符串中所有数字字符提取出,例如:输入:"abc12,d56f*789",则生成的数字分别有:12、56、789。

9. 编写一函数,实现将一个 N 阶方阵转置。

10. 编写一函数,统计字符串 s2 在字符串 s1 中出现的次数,如果该字符串没有出现,返回值为 0。

11. 有 5 个学生,每人考 4 门课,查找有一门以上课程不及格的学生,输出其各门课成绩。

12. 编写程序,输入月份号,输出该月份的英文名称。例如,输入"1",则输出"January"。要求用指针数组处理。

13. 哥德巴赫猜想:任意大于 2 的偶数可以分解为两个素数之和。请给出该偶数的分解结果。要求用函数实现。

14. 编写程序,求任意给定的两个整数的和与差。要求用指向函数的指针实现。

结构体、共用体和枚举类型

 **本章导读**

　　C 语言中的数据类型非常丰富,到目前为止,已介绍过的数据类型有:简单变量、数组和指针。简单变量是一个独立的变量,它同其他变量之间不存在固定的联系;数组则是同一类型数据的组合;指针类型数据主要用于动态存储分配。可以说,它们各有各的用途。

　　然而,在实际应用中常常会遇到这样的问题,要求把一些属于不同类型的数据作为一个整体来处理。举一个简单的例子,比如对一个学生的档案管理,需要将每个学生的姓名、年龄、性别、学生证号码、民族、文化程度、家庭住址、家庭电话等类型不同的数据列在一起。虽然这些数据均面向同一个处理对象——学生的属性,但它们却不属于同一类型。对于这个实际问题,采用以前掌握的数据类型还难以处理这种复杂的数据结构。如果用简单变量来分别代表各个属性,不仅难以反映出它们的内在联系,而且使程序冗长难读。用数组则无法容纳不同类型的元素。于是 C 语言提供了一种称之为"结构体"类型的数据,它是由一些不同类型的数据组合而成的。

 **主要知识点**

　　1. 结构体类型变量的定义、初始化及对其成员的引用

　　2. 结构体数组的定义、初始化及对结构体数组元素的成员进行引用

　　3. 共用体类型和共用体变量的定义及共用体变量成员的引用

　　4. 共用体变量与结构体变量存储时的区别

　　5. 枚举类型和枚举变量的定义,并掌握枚举元素的处理

　　6. 类型定义 typedef

 **本章任务**

　　在程序里表示一个人的信息(姓名、年龄、性别……),怎么表示?

表示多个人呢？

如何用计算机程序实现下述表格的管理？

表 8-1 某学校学生成绩管理表

学号	姓名	性别	入学时间	计算机原理	英语	数学	音乐
1	令狐冲	男	1999	90	83	72	82
2	林平之	男	1999	78	92	88	78
3	岳灵珊	女	1999	89	72	98	66
4	任莹莹	女	1999	78	95	87	90
5	……						
6	……						

8.1 结构体类型的定义

结构体数据类型：一种自定义的数据类型。由不同数据类型的数据组合而成的数据整体。结构体中所包含的数据元素称之为成员。

如："职员"————→一种结构体

描述职员的信息有：

编号、姓名、年龄、性别、身份证号码、民族、文化程度、职务、住址、联系电话等。

结构体类型定义的一般形式为：

struct 结构体名

{

　类型名 1 成员名 1；

　类型名 2 成员名 2；

　⋮

　类型名 n 成员名 n；

};

其中，struct 是关键字，是结构体类型的标志。结构体名是由用户定义的标识符，它规定了所定义的结构体类型的名称。结构体类型的组成成分称为成员，成员名的命名规则与变量名相同。例如：

struct stu

{

　int num；

　char name[20]；

　char sex；

　float score；

};

在这个结构体定义中,结构体名为 stu,该结构体由 4 个成员组成。第一个成员为 num,整型变量;第二个成员为 name,字符数组;第三个成员为 sex,字符变量;第四个成员为 score,实型变量。

说明:

(1)一个结构体类型通常由两部分组成:第一部分是关键字 struct,第二部分称为"结构体名",由程序设计者按标识符命名规则指定。这二者联合起来组成一个"类型标识符",即"类型名"。

(2)结构体由若干个数据项组成,每一个数据项都是一种已有(或已定义过)的类型,称为某一结构体的成员(或称为"域")。域与域之间用分号隔开。

(3)在结束结构体类型的定义时,不要忘写花括弧后的分号。

"结构体类型"不同于基本数据类型,其特点有:

(1)结构体类型中的成员不能认为是已定义的一些普通的数组和变量(如 name[20]、age、sex、num 等),而是某结构体类型(struct person)的成员名。在程序中,允许另外定义与结构体类型的成员同名的变量,它们代表不同的对象。比如下面的语句在 C 语言中是合法的。

```
struct person
{
    ⋮
  int age;          \ * 成员名 * \
  char sex;         \ * 成员名 * \
    ⋮
};
int age;            \ * 变量名 * \
char sex;           \ * 变量名 * \
```

(2)结构体类型可以有千千万万种,这是与基本类型不同的。为什么这样说呢?如果程序中定义 i 为整型变量,那么 i 必定占 2 个或 4 个字节,并按定点形式存放。但如果定义 x 是结构体类型变量,则它由哪些数据项组成,占多少字节,就要视情况而定了。因此"结构体类型"只是一个抽象的类型,它只表示了"由若干不同类型数据项组成的复合类型",程序中定义和使用的应该是具体的有确定含义的结构体类型。例如,上面定义的 struct person 就是一种特定的结构体类型。

(3)系统没有预先定义结构体类型,凡需使用结构体类型数据的,都必须在程序中自己定义。

(4)定义一个结构体类型,并不意味着系统将分配一段内存单元来存放各数据项成员。因为定义类型与定义变量是不同的,定义一个类型只是表示这个类型的结构,也就是告诉系统它由哪些类型的成员构成,各占多少个字节,各按什么形式存储,并把它们当作一个整体来处理。因此,定义类型是不分配内存单元的,只有在定义了某类型的变量以后,才实际占据存储单元。比如系统定义了 int、float 等类型,但并不具体分配内存单元,是对具体数据的"抽象"。一种类型只表明一种特征,如果以后定义某个变量为该类型,那么该变量占用的内存空间就应当具备这种特征。

8.2 结构体类型变量

8.2.1 结构体变量的定义

定义了结构体之后,就可以定义结构体变量。

结构变量的定义形式:

类型标识符<变量名列表>;

例如:struct person stu,worker;

这里定义了两个变量 stu 和 worker,它们是 struct person 型。struct person 是类型名,就和 int、char 差不多。

注意:下面的书写是错误的。

struct stu,worker;   /* 错误!! 没有声明是哪一种结构体类型 */

person stu,worker;   /* 错误!! 没有关键字 struct,不认为是结构体类型 */

定义结构体类型的变量有三种方法:

1. 先定义结构体类型,再定义变量。

注意:定义变量时,struct stu 必须在一起使用,它的用法与 int、char 等类型名的用法相同。

```
struct stu
{
    int num;
    char name[20];
    char sex;
    float score;
};
struct stu boy1,boy2;
```

2. 定义类型的同时定义变量。

```
struct stu
{
    int num;
    char name[20];
    char sex;
    float score;
}boy1,boy2;
```

3. 直接定义结构体类型变量,省略类型名。

```
struct
{
```

```
    int num;
    char name[20];
    char sex;
    float score;
}boy1,boy2;
```

注意:在定义一个结构体类型时,可以利用已定义的另一个结构体类型来定义其成员类型。例如:

```
struct date
{
    int month;
    int day;
    int year;
};                    /* 定义了一个 struct date 类型 */
struct person1
{
    char name[20];
    struct date birth;      /* birth 是一个结构体类型的成员 */
    char sex;
    long num;
    char nat;
    int edu;
    char addr[20];
    long tel;
};
```

8.2.2 结构体变量的初始化

将结构体变量各成员的初值顺序地放在一对大括号中,并用逗号分隔。结构体变量所占用的存储空间为各成员占用存储空间之和,如图 8-1 所示。对结构体类型变量赋初值时,按每个成员在结构体中的顺序一一对应赋值。例如:

```
struct stu
{
    int num;
    char name[20];
    char sex;
    float score;
}boy1={102,"Zhang ping",'M',78.5};
```

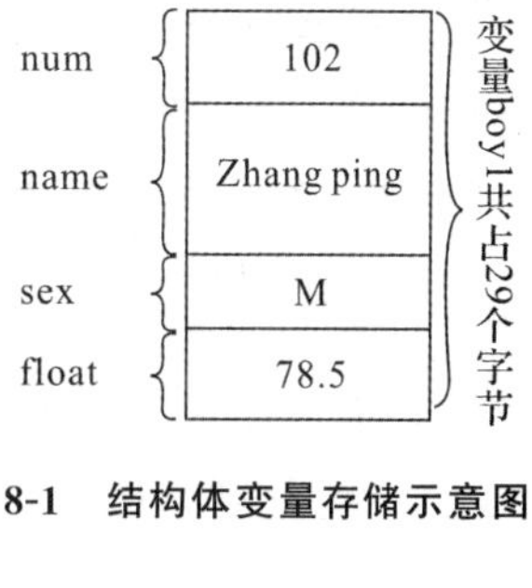

图 8-1　结构体变量存储示意图

8.2.3 结构体变量的引用

对结构体变量的引用可以分为对结构体变量中成员的引用和对整个结构体变量的引用。一般对结构体变量的操作是以成员为单位进行的。

1. 对结构体变量中成员的引用

引用的一般形式为：

结构体变量名.成员名

其中，"."是成员运算符，它在所有运算符中优先级最高。

【例 8-1】 给结构变量赋值并输出其值。

```
#include <stdio.h>
int length,width;
long area;
struct coord
{
    int x;
    int y;
} myPoint;
void main(void)
{
    myPoint.x=12;
    myPoint.y=14;
    printf("\nThe coordinates are:(%d,%d).",myPoint.x,myPoint.y);
}
```

2. 对整个结构体变量的引用

相同类型的结构体变量之间可以进行整体赋值。例如：

```
struct stu
{
    int num;
    char * name;
    char sex;
    float score;
}boy2,boy1={102,"Zhang ping",'M',78.5};
void main()
{
    ⋮
    boy2=boy1;
    ⋮
}
```

注意：

(1)结构体变量只允许整体赋值，其他操作如输入、输出等必须通过引用结构体变量的成员进行相应的操作。

(2)由于一个结构体变量就是一个整体，要访问它其中的一个成员，必须要先找到这个结构体变量，然后再从中找出它其中的一个成员。引用格式如下：

结构体变量名.成员名

例如：stu.no、stu.age、stu.name[0]等。

(3)成员名不能单独代表变量，不能直接使用结构中的成员名。

(4)若结构体类型中含有另一个结构类型，访问该成员时，应采取逐级访问的方法。

(5)在引用结构体变量中的一个成员时，应该注意下面几个问题：

①如果程序中有两个变量 pupil、student 均被定义为同一个结构体类型 struct person，为引用两个变量中的 num 成员项，应该分别用下面的形式引用：

pupil.num

student.num

它们代表内存中不同的存储单元，有不同的值。

②如果在一个结构体类型中又嵌套了另一个结构体类型，则访问某个成员时，应采取逐级访问的方法，直到得到所要访问的成员为止。例如，想得到该学生的"出生年份"，可以用下面的形式予以访问：

student1. birth.year

而不能用下面的形式：

birth.year 或 student1. year

③可以对结构变量的成员进行各种有关的运算。对结构变量成员进行运算的种类，与相同类型的简单变量的运算种类完全相同。也就是说，结构成员可以同其他变量一样进行所有的赋值操作以及各项运算，只不过结构成员表示方法与一般变量不同而已。比如前面已经定义了结构体成员 student.num 的类型为 long 型，那么它就相当于一个 long 型的变量，凡对 long 型简单变量所允许的运算，对 student.num 同样适用。例如：

student.num＝pupil.num；

student.num＋＋；

sum＝student.num＋pupil.num；

④可以将结构体变量作为一个整体来使用。

结构体变量可以相互赋值，条件是这两个变量必须具有相同的结构体类型。

【例 8-2】 同类型结构体变量间的赋值。

```c
struct data
{
    int month;
    int day;
    int year;
};
```

```
struct pers
{
    char name[20];
    struct data birth;
};
void main()
{
    struct pers stu2,stu1={"Wang Li",{12,15,1974}};
    stu2=stu1; printf("student1:%s,%d/%d/%d.\n",stu1. name,stu1. birth.month,
    stu1. birth.day,stu1. birth.year);
    printf("student2:%s,%d/%d/%d.\n",stu2. name,stu2. birth. month,stu2. birth.
    day,stu2. birth.year);
}
```

运行情况如下：

student1:Wang Li,12/15/1974.

student2:Wang Li,12/15/1974

注意事项

(1)在 C 语言中,对于不同类型的结构体不允许相互赋值,即使它们的元素相同。例如：

```
struct man
{
    int age;
    char sex;
}p1;
struct woman
{
    int age;
    char sex;
}p2;
```

此时如果执行 p1=p2 的话,系统将会给出出错信息。

(2)可以把一个结构体变量中内嵌的结构体类型成员赋给另一个结构体变量的相应部分或与此内嵌结构类型成员的类型相同的变量。例如,在前边赋值的例子中下列语句是合法的：

stu2. birth=stu1. birth

或

struct data d1;

d1=stu1. birth;

stu2. birth=d1;

(3)应当说明的是,把一个结构体变量作为一个整体赋值给另一个结构体变量是 ANSI

C 新标准的扩充功能,这在过去的 C 版本中是不允许的。

(4)即使新标准也不允许用赋值语句将一组常量直接赋给一个结构体变量。例如,下面语句不合法:

stu1＝{"Wang Li",{12,15,1974}};

8.2.4 结构体变量成员的输入/输出

只允许对结构变量的成员进行输入输出,不允许将结构体变量作为整体进行输入或输出操作。

(1)C 语言不允许把一个结构体变量作为一个整体进行输入或输出的操作。

例如,下面的输入输出语句是不允许的:

printf("%d\n",stud);

scanf("%d",&stud);

因为在用 printf 和 scanf 函数时,必须指出输出格式(用格式转换符),而结构体变量包括若干个不同类型的数据项,像上面那样用一个"%d"格式符来输出 stud 的各个数据项显然是不行的。

(2)同样,C 语言中也不允许用下面的形式来完成结构体变量的输入输出操作。

printf("%s,%s,%ld\n",stud);

因为在用 printf 函数输出时,一个格式符对应一个变量,有明确的起止范围,而一个结构体变量在内存中占连续的一片存储单元,哪一个格式符对应哪一个成员往往难以确定其界限。

8.3 结构体数组

8.3.1 结构体数组的定义

定义结构体数组的方法和定义结构体变量的方法一样,只是必须说明其为数组。例如:

```
struct stu
{
    int num;
    char * name;
    char sex;
    float score;
}boy[5];
```

定义了一个结构数组 boy1,共有 5 个元素,boy[0]～boy[4]。每个数组元素都具有 struct stu 的结构形式。

定义结构体变量的三种方法都可以用来定义结构体数组。

8.3.2 结构体数组的初始化

和一般数组一样,结构体数组也可以进行初始化。例如:

```
struct stu
{
    int num;
    char * name;
    char sex;
    float score;
}boy[5]={
                {101,"Li ping","M",45},
                {102,"Zhang ping","M",62.5},
                {103,"He fang","F",92.5},
                {104,"Cheng ling","F",87},
                {105,"Wang ming","M",58};
            }
```

数组每个元素的初值都放在一对大括号中,括号中依次排列元素各成员的初始值。当对全部元素作初始化赋值时,也可不给出数组长度。

8.3.3 结构体数组的引用

对结构体数组的引用一般是对数组元素的成员进行引用。引用只要遵循对数组元素的引用规则和对结构体变量成员的引用规则即可。

【例 8-3】 计算学生的平均成绩和不及格的人数。

```
#include<stdio. h>
struct stu
{
    int nNum;
    char * pname;
    char cSex;
    float fScore;
}boy[5]={
                {101,"Li ping",'M',45},
                {102,"Zhang ping",'M',62.5},
                {103,"He fang",'F',92.5},
                {104,"Cheng ling",'F',87},
                {105,"Wang ming",'M',58},
            };
void main()
{
    int i,nC=0;
    float fAve,fSum=0;
```

```
for(i=0;i<5;i++)
{
    fSum+=boy[i].fScore;
    if(boy[i].fScore<60) nC+=1;
}
printf("s=%f\n",fSum);
fAve=fSum/5;
printf("average=%f\ncount=%d\n",fAve,nC);
}
```

本例程序中定义了一个外部结构数组 boy，共 5 个元素，并作了初始化赋值。在 main 函数中用 for 语句逐个累加各元素的 score 成员值存于 s 之中，如 score 的值小于 60（不及格），即计数器 C 加 1，循环完毕后计算平均成绩，并输出全班总分，平均分及不及格人数。

4. 结构体指针

一个指针变量当用来指向一个结构变量时，称之为结构指针变量。结构指针变量中的值是所指向的结构变量的首地址。通过结构指针即可访问该结构变量，这与数组指针和函数指针的情况是相同的。结构指针变量说明的一般形式为：

struct 结构名 * 结构指针变量名

例如，在前面的例 8.1 中定义了 stu 这个结构，如要说明一个指向 stu 的指针变量 pstu，可写为：

struct stu * pstu;

当然也可在定义 stu 结构时同时说明 pstu。与前面讨论的各类指针变量相同，结构指针变量也必须要先赋值后才能使用。

赋值是把结构变量的首地址赋予该指针变量，不能把结构名赋予该指针变量。例如：

```
struct stu
{
    int num;
    char name[20];
    char sex;
    float score;
}boy1;
pstu=&boy1;
```

结构名和结构变量是两个不同的概念，不能混淆。结构名只能表示一个结构形式，编译系统并不对它分配内存空间。只有当某变量被说明为这种类型的结构时，才对该变量分配存储空间。因此 &stu 这种写法是错误的，不可能去取一个结构名的首地址。有了结构指针变量，就能更方便地访问结构变量的各个成员。

其访问的一般形式为：

(* 结构指针变量).成员名

或为：

结构指针变量-＞成员名

例如:(＊pstu).num 或者 pstu-＞num。

应该注意(＊pstu)两侧的括号不可少,因为成员符"."的优先级高于"＊"。如去掉括号写作＊pstu.num,则等效于＊(pstu.num),这样,意义就完全不对了。

【例 8-4】 结构体变量成员的各种输出方法。

```c
#include<stdio. h>
struct stu
{
  int num;
  char * name;
  char sex;
  float score;
} boy1={102,"Zhang ping",'M',78.5}, * pstu;
void main()
{
  pstu=&boy1;
  printf("Number=%d\nName=%s\n",boy1. num,boy1. name);
  printf("Sex=%c\nScore=%f\n\n",boy1. sex,boy1. score);
  printf("Number=%d\nName=%s\n",( * pstu).num,( * pstu).name);
  printf("Sex=%c\nScore=%f\n\n",( * pstu).sex,( * pstu).score);
  printf("Number=%d\nName=%s\n",pstu->num,pstu->name);
  printf("Sex=%c\nScore=%f\n\n",pstu->sex,pstu->score);
}
```

本例程序定义了一个结构体 stu,定义了 stu 类型结构变量 boy1 并作了初始化赋值,还定义了一个指向 stu 类型结构的指针变量 pstu。

在 main 函数中,pstu 被赋予 boy1 的地址,因此 pstu 指向 boy1。然后在 printf 语句内用三种形式输出 boy1 的各个成员值。从运行结果可以看出:

结构变量.成员名

(＊结构指针变量).成员名

结构指针变量-＞成员名

这三种用于表示结构成员的形式是完全等效的。

8.4 结构体变量与函数

8.4.1 函数的形参与实参为结构体

结构体变量的作用:传值。C 语言允许用结构体变量作为函数参数,即直接将实参结构体变量的各个成员的值全部传递给形参的结构体变量。不言而喻,实参和形参类型应当完全一致。

8.4.2 函数的返回值类型为结构体

新的 C 语言标准中允许函数的返回值为结构体类型的值。

C 语言中也允许函数带回一个结构体类型的值,并可在表达式中赋值。返回结构体类型值的函数的一般形式如下:

struct 结构名 函数名()

{

  ⋮

}

在程序中调用结构型函数时,要求用于接受函数返回值的量必须是具有同样结构类型的结构变量。

8.5 共用体

8.5.1 共用体类型定义

共用体又称联合体,即指将不同类型的数据项组织成一个整体,它们在内存中占用同一段存储单元,共用体和结构体同异:

相同之处:两者定义形式相同;

不同之处:(1)关键字不同,共用体用 union;(2)占用的内存单元不同。

共用体类型定义的一般形式为:

union 共用体名

{

  类型名 1 成员名 1;

  类型名 2 成员名 2;

  类型名 n 成员名 n;

};

其中,union 是关键字,是共用体类型的标志。共用体名是由用户定义的标识符,它规定了所定义的共用体类型的名称。共用体类型也由若干成员组成。

例如:

union score

{

  float point;

  char grade;

}sco;

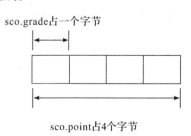

图 8-2

注意:共用体的成员共用存储空间,如图所示,point 成员需要占用 4 个字节,grade 成员需要占用 1 个字节,所以,为了满足两者能够共用,分配内存空间时,空间的字节数必须与占用空间最大的成员一致。为此,sco 变量占用的空间为 4 个字节。

8.5.2 共用体类型变量定义

联合定义之后,即可进行联合变量的声明和使用,共用体类型变量的定义也有三种方法。

1. 先定义共用体类型,再定义变量。

```
union score
{
    float point;
    char grade;
};
union score sco;
```

2. 定义类型的同时定义变量。

```
union score
{
    float point;
    char grade;
}sco;
```

3. 直接定义共用体类型变量。

```
union
{
    float point;
    char grade;
}sco;
```

8.5.3 共用体变量的引用

共用体变量也必须先定义,后使用。不能直接引用共用体变量,只能引用共用体变量的成员。引用的一般形式为:

共用体变量名.成员名

共用体变量的每个成员也可以像普通变量一样进行其类型允许的各种操作。但要注意:由于共用体类型采用的是覆盖技术,因此共用体变量中起作用的总是最后一次存放的成员变量的值。

【例 8-5】 共用体变量的引用。

```
#include<stdio. h>
void main()
{
    union data1
```

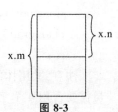

图 8-3

```
    {
        int m；
        char n；
    }x；
    x.m＝15；
    x.n＝'A'；
  printf("m＝%d,n＝%c",x.m,x.n)；
}
```

运行结果为：

m＝65,n＝A

共用体变量可以作为结构体变量的成员,结构体变量也可以作为共用体变量的成员,并且共用体类型也可以定义数组。

注意:不能对共用体变量进行初始化,不能将共用体变量作为函数参数和返回值。

8.6 枚举类型

在实际问题中,有些变量的取值被限定在一个有限的范围内。例如,一个星期内只有七天,一年只有十二个月,一个班每周有六门课程等等。如果把这些量说明为整型、字符型或其他类型显然是不妥当的。为此,C 语言提供了一种称为"枚举"的类型。

8.6.1 枚举类型及其变量的定义

所谓枚举类型,是指这种类型的变量的值只能是指定的若干名字之一,也就是将变量值一一列举出来,变量的值只限于列举出来的范围内。

枚举类型定义的一般形式为：

enum 枚举名{枚举元素 1,枚举元素 2,…}；

例如:enum weekday{sun,mou,tue,wed,thu,fri,sat}；

其中,enum 是关键字,是枚举类型的标志。枚举名是由用户定义的标识符,它规定了所定义的枚举类型的名称。

枚举类型变量的定义有两种方法。

1. 先定义枚举类型,再定义变量。例如：

enum weekday{sun,mou,tue,wed,thu,fri,sat}；

enum weekday week；

2. 直接定义枚举变量。例如：

enum weekday{sun,mou,tue,wed,thu,fri,sat}week；

说明：

(1)枚举类型中的枚举元素是用户定义的标识符,对程序来说,这些标识符并不自动代表什么含义。

(2)在 C 编译中,将枚举元素作为常量处理,称为枚举常量。因此不能对它们进行赋值。

（3）枚举元素是被处理成一个整型常量的，它的值取决于定义时各枚举元素排列的先后顺序。第一个枚举元素的值为 0，第二个为 1，依次顺序加 1。

（4）可改变枚举元素求值。例如 enum weekday ｛sun,mon,tue＝7,wed,thu,fri,sat｝；则 wed 为 8，后面依次顺序加 1。

8.6.2 枚举类型变量的基本操作

1. 枚举变量的赋值

只能给枚举变量赋枚举常量。不能直接给枚举变量赋整型值，但是可以通过将整型值强制类型转换成枚举类型赋值。

【例 8-6】 枚举变量的赋值。

```
#include<stdio. h>
void main()
{
    enum weekday
    {sun,mon,tue,wed,thu,fri,sat} a,b,c;
    a=sun;
    b=mon;
    c=tue;
    printf("%d,%d,%d",a,b,c);
}
```

注意：

枚举变量只能通过赋值语句得到值，不能通过输入语句直接输入数据。也不能使用输出语句直接输出枚举元素，可以通过 switch 语句将枚举元素以字符串形式输出。

8.7 使用 typedef 创建别名

C 语言不仅提供了丰富的基础数据类型，而且还允许用户自定义数据类型，例如结构体和共用体。另外，C 语言还允许用户为现有的数据类型取"别名"。用户可以使用关键字 typedef 给已经存在的基础数据类型或用户自定义的数据类型重新命名。

根据数据类型分类，主要包括以下三类：

8.7.1 基础数据类型的别名定义

此处所言的基础数据类型包括 int,float,double,char 等。取"别名"的形式为

typedef 基础数据类型 名称别名标识符；

例如：typedef int INTEGER；

定义别名后，INTEGER a,b 等价于 int a,b。

8.7.2 数组类型的别名定义

除了给基础数据类型定义别名，还可以为数组定义别名，取"别名"的形式为：

typedef 数组类型 数组名[数组宽度]

例如：typedef int STK[10];

表示 STK 是宽度为 20 的整型数组别名，即意味着后续可以用 STK 作为变量的类型，例如：STK array1,array2;

等价于

int array1[10],array2[10];

8.7.3 自定义数据类型的别名定义

除了上述两种情况以外，还可以为自定义的数据类型定义别名，取"别名"的形式为：

typedef struct

{

   成员项列表；

}别名标识符；

typedef struct

{

  char name[15];

  int age;

  char sex;

}STUDENT; /* 定义 STUDENT 为结构体的别名 */

STUDENT stu1,stu2; /* 定义 STUDENT 类型的 2 个变量 stu1,stu2 */

其中，STUDENT 为结构体的别名，

注意自定义数据类型的别名时与以下两种情况的区别

struct

{

  char name[15];

  int age;

  char sex;

}stu1,stu2; /* 定义结构体变量 stu1,stu2,因为前面没有关键字 typedef */

另外，自定义数据类型的别名还可以分两步完成：

struct student /* 定义结构体类型 struct student */

{

  char name[15];

  int age;

  char sex;

}

typedef struct student STUDENT;/* 定义结构 struct student 的别名 STUDENT */

8.8 链表

8.8.1 基本概念

链表的基本概念：

1. 链表指的是将若干个数据项按一定的规则连接起来的表。

2. 链表中的数据项称为结点。

3. 链表中每一个结点的数据类型都有一个自引用结构。

4. 自引用结构就是结构成员中包含一个指针成员，该指针指向与自身同一个类型的结构。

例如：

```
struct node
{
    int data;
    struct node * nextPtr;
};
```

链表是用链节指针连接在一起的结点的线性集合。其结构如图 8-4 所示：

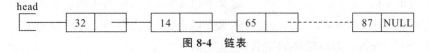

图 8-4　链表

每个结点中都包含一些有用的数据，在每个结点内都设置了一个指针项，它用来存放下一个结点的地址，从而使前一个结点与下一个结点之间建立了联系。换句话说，通过存放在前一个结点内的地址可以找到下一个结点的位置及其存放的数据。

既然这样，那么第一个结点的地址又存放在什么地方呢？C 语言中是这样处理的，再设一个指针变量，用来存放第一个结点的地址，这个指针被称为"头指针"，一般以 head 命名。它的结构和一般结点是不同的，它不包含地址以外的数据。

链表最后一个结点的指针项不应指向任何一个结点，但又必须向这个指针赋值，于是系统将赋值 NULL。NULL 是一个符号常量，通常被定义为 0，也就是将 0 地址赋给最后一个结点中的地址项，表示最后一个结点不指向任何数据。

根据数据之间的相互关系，链表又可分为单链表、循环链表、双向链表等。链表可以建立动态的数据结构，可以将不连续的内存数据连接起来，这里只介绍单链表。

8.8.2 单链表的建立

建立单链表的主要步骤：

(1)定义单链表的数据结构(定义自引用结构)。

(2)建立表头(建立一个空表)。

(3)利用 malloc 函数向系统申请分配一个结点空间。

(4)将新结点的指针成员的值赋为空(NULL),若是空表,将新结点连接到表头;若非空表,则将新结点连接到表尾。

(5)若有后续结点要接入链表,则转到第 3 步,否则结束。

输出一个单链表的主要步骤:

(1)找出表头结束,结点指针 P 指向头结点。

(2)若 P 非空,循环执行下列操作。

{

　　输出结点值;

　　P 指向下一结点;

}

1. 从单链表中删除结点

在链表中删去一个结点,不允许破坏原链表的结构。

例如,对于这样的自引用结构:

struct node

{

　　int n;

　　struct node * next;

};

假定已建好链表:

图 8-5　假定已建好的链表

删除 s 节点后的链表:

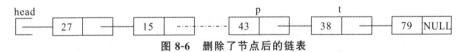

图 8-6　删除了节点后的链表

根据被删节点的位置,修改指针域的方法要分 3 种不同情况:

(1)s 结点在表的中间(即不在表头,也不在表尾):

p—>next=s—>next;

(2)s 结点位于表头:

head=s—>next;

(3)s 结点位于表尾:

p—>next=NULL;

结点删除后,用 free()函数释放被删除结点所占用的内存空间。

例如:free(s);　/* 释放了节点 s 所占用的空间。 */

2. 向链表中插入结点

插入节点方法:修改指针域的值。

根据节点插入的位置,修改指针域的方法要分 3 种不同情况:

s 结点插入到表中(既不在表头,也不在表尾)

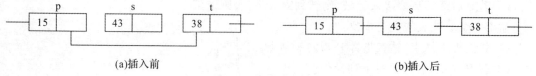

(a)插入前　　　　　　　　　　　　　　　　　(b)插入后

图 8-7　表中插入结点

修改指针:

s—＞next＝t;

p—＞next＝s;

s 结点插入到表头。

图 8-8(a)所示为插入前的链表,图 8-8(b)所示为插入后的链表。

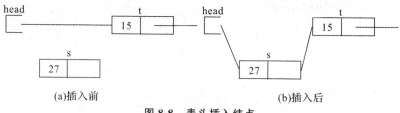

(a)插入前　　　　　　　　　　　　　(b)插入后

图 8-8　表头插入结点

修改指针:

s—＞next＝t;

head＝s;

s 结点插入到表尾。

图(a)所示为插入前的链表,图(b)所示为插入后的链表。

(a)插入前　　　　　　　　　　　(b)插入后

图 8-9　表尾插入结点

修改指针:

p—＞next＝s;

s—＞next＝NULL;

注意:

(1)链表与数组相比,两者都可以用来存储数据,但数组所占的内存区大小是固定的,而链表则不固定,是可以随时增减的。数组占连续一片内存区,而链表则不同,它靠指针指向下一个结点,各结点在内存中的次序可以是任意的。

(2)要进行动态开辟单元,必须用 malloc 或 calloc 函数,所开辟的结点是结构体类型的,但无变量名,只能用间接方法(指针方法)访问它。

(3)对于单向链表中结点的访问,只能从"头指针"(即本程序中的 head 变量)开始。如果没有"头指针",就无法进入链表,也无法访问其中各个结点。对单向链表中结点的访问只能顺序地进行,如同链条一样,一环扣一环,先找到上一环才能找到下一环。单向链表中最后一个结点中的指针项必须是 NULL,也就是不指向任何结点。

(4)如果断开链表中某一处的链,则其后的结点都将"失去联系",它们虽然在内存中存在,但无法访问到它们。

本章任务解答

在程序里表示一个人的信息(姓名、年龄、性别……),怎么表示?

思路:首先考虑的是,人的信息有多个,分别属于不同的数据类型,如果使用单个变量进行定义,无法把这些属性联系起来,因而考虑使用结构体完成,把人的信息属性作为结构体的成员。

多个人呢? 只要它义属于该种结构体类型的多个变量即可。

```
struct STUDENT
{
    int studentID;                  /* 每个学生的序号 */
    char studentName[10];           /* 每个学生的姓名 */
    char studentSex[4];             /* 每个学生的性别 */
    int timeOfEnter;                /* 每个学生的入学时间 */
    int scoreComputer;              /* 每个学生的计算机原理成绩 */
    int scoreEnglish;               /* 每个学生的英语成绩 */
    int scoreMath;                  /* 每个学生的数学成绩 */
    int scoreMusic;                 /* 每个学生的音乐成绩 */
};
```

小结

本章学习了 C 语言的构造类型,包括结构体、共用体、枚举和别名定义的方法,重点是这些自定义数据类型的定义和对应类型的变量以及数组的定义与使用。

习题

1. 输入 5 位同学的一组信息,包括学号、姓名、数学成绩、计算机成绩,求得每位同学的平均分和总分,然后按照总分从高到低排序。

2. 定义一个结构体变量(包括年、月、日)。编写一个函数 days,计算该日期在本年中是第几天(注意闰年问题)。由主函数将年、月、日传递给 days 函数,计算之后,将结果传回主函数输出。

3. 学生成绩管理:有 5 个学生,每个学生的数据包括学号、班级、姓名、三门课成绩。从键盘输入 5 个学生数据,要求打印出每个学生三门课的平均成绩,以及每门课程平均分、最高分的学生数据(包括学号、班级、姓名、三门课成绩,平均分)。

实验要求:

(1)定义学生结构体。

(2)用一个函数实现 5 个学生数据的输入,用另一个函数负责求每个学生三门课程的平均成绩,再用一个函数求出平均分最高的学生并输出该学生的数据。要求平均分和平均分最高的学生数据都在主函数中输出。

实验提示:

(1)结构体定义。

```
struct Student
{
    int num;                  //学号
    char name[20];            //班级注意字节长度
    char classname[20];       //班级
    float score[3];           //三门课程成绩
    float aver_score;         //平均分
}
```

(2)数据组织提示。

在主函数中定义一个结构体数组。

Student stu[20] //定义有 20 个变量的元素的结构体数组(根据需要确定数组的大小)。

4. 采用结构体数组编写程序,定义一个含职工姓名、工作年限、工资总额的结构体类型,初始化 5 名职工的信息,最后再对工作年限超过 30 年的职工加 100 元工资,然后分别输出工资变化之前和之后的所有职工的信息。

第9章 ——— 文　件

■ 本章导读

　　程序运行时，数据一般都存放在内存中，当程序运行结束后，存放在内存中的数据被释放而无法存储。但是现实需求中有些数据希望可以长期保存，例如学生成绩录入后，可以进行排名，同时希望将排名后的信息长期保存。此时，需要使用到文件，因为文件可以作为数据存储的载体长期保存。

　　本章主要介绍文件的概念及其相关操作。通过本章学习，要求了解磁盘文件的基本概念和分类，掌握文件指针的概念和文件变量的定义方法，深刻理解文件的读、写等基本操作的实现，熟悉文件的打开、关闭、读、写等函数的调用形式；掌握文件操作在程序设计中的应用方法。

■ 主要知识点

　　1. 文件的基本概念及分类

　　2. 文件指针

　　3. 文件的打开与关闭

　　4. 文件的读写操作

9.1 文件概述

任务：通讯录管理。

问题：输入 N 个学生的通讯信息，查找某个学生的联系方式。要求用文件实现。

　　问题分析：前面各章中用到的数据都是在程序运行时通过键盘输入，运行结果都是输出到显示器上。程序运行结束后，运行结果也就丢失了，再次运行程序时必须重新从键盘输入数据。因此为方便通讯录的管理，需要将通讯录信息长期保存，即将数据信息存放在外存储器中。存储在外存储器中的数据是以文件的形式存放的。所以首先将输入的通讯信息保存在文件中，就可以对文件中的数据进行查找等操作了。

　　算法：设文件 contacts.txt 存放通讯信息，函数 load 实现录入学生的成绩信息并存入文

件 contacts.txt,其算法描述如下:

输入:无

功能:输入学生的通讯信息

输出:无

Step1:以追加方式打开文件 contacts.txt;

Step2:输入学生的各项信息;

Step3:将该学生的各项信息以追加方式存入文件 contacts.txt;

Step4:如果继续录入,转 Step2,否则关闭文件 contacts.txt,算法结束;

算法:设函数 search 实现从文件 contacts.txt 中查找某学生的联系方式并输出,其算法描述如下:

输入:无

功能:查找并输出学生的通讯信息

输出:在屏幕上输出学生的联系方式

Step1:以只读方式打开文件 contacts.txt;

Step2:重复如下操作,直到文件 contacts.txt 的末尾;

Step2.1:从文件 contacts.txt 中读出一个学生的通讯信息;

Step2.2:如果该生为所要查找的学生,在屏幕上输出该生的联系方式,转 Step3,否则,转 Step2;

Step3:关闭文件 contacts.txt,算法结束;

9.1.1 文件的概念

程序运行时,数据一般都存放在内存中。当程序运行结束后,存放在内存中的数据被释放。如果需要长期保存就必须把数据存放在外存储器中。存储在外存储器中的数据是以文件的形式存放的。

所谓文件(file)一般是指存储在外部介质(如磁盘、磁带)上的一组相关数据的有序集合。比如在前面各章中我们已经多次使用的源程序文件、目标文件、可执行文件、库文件等。这些文件各有各的用途,我们通常将它们存放在磁盘或者可移动盘等外部介质中,在使用时才调入内存中来。这个集合有一个名称,叫作文件名。文件名是唯一的文件标识,以便用户识别和引用。操作系统就是以文件为单位对数据进行管理的。也就是说,要访问外部介质上的数据,必须先按文件名找到所指定的文件,然后再从该文件读取数据。如果要在外部介质上存储数据,也必须先建立一个文件(以文件名作为标识),才能向它输出数据。

9.1.2 文件的分类

从不同的角度可对文件进行不同的分类。从用户的角度看,文件可分为普通文件和设备文件两种。普通文件是指驻留在磁盘或其他外部介质上的一个有序集合,如源文件、目标文件、可执行程序等。设备文件是指与主机相联的各种外部设备,如显示器、打印机、键盘等。在操作系统中,把外部设备也看作是一个文件来进行管理,例如键盘通常被指定为标准的输入文件,显示器、打印机为输出文件。从键盘上输入就意味着从标准输入文件上输入,

scanf,getchar 函数就属于这类输入。一般情况下在屏幕上显示有关信息就是向显示器这个标准输出文件输出。如前面经常使用的 printf,putchar 函数就是这类输出。

　　输入输出是数据传送的过程,数据如流水一样从一处流向另一处,因此常将输入输出形象地称为流(stream),即输入输出流。一个输入输出流就是一个字节流或二进制流。文件的存取是以字符(字节)为单位的,读写数据流的开始和结束受程序控制而不受物理符号(如回车换行符)控制。

　　C 语言把文件看作是一个字符(字节)的序列,即由一个一个字符(字节)的数据顺序组成。因此,按数据的组织形式可将文件分为文本文件和二进制文件。文本文件即 ASCII 码文件,是按一个字节存放一个字符的 ASCII 码来存放的。比如扩展名是.txt、.h、.c、.cpp 等文件都是文本文件。二进制文件是按数据在内存中的存储形式不加转换地存放到文件里的,比如扩展名是.exe、.dll、.dat、.lib 等的文件都是二进制文件。例如,有一个整数 10000,类型是 short,在内存中按二进制形式存放,占 2 个字节,存到文件后还是占 2 个字节,内容也是 10000 的二进制。如果将它存在磁盘上,如按文本文件形式存放,则需要占 5 个字节,即每个数位占一个字节。如图 9-1 所示。

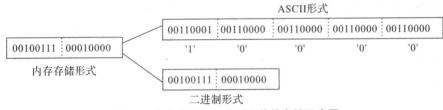

图 9-1　文本文件和二进制文件的存储示意图

　　文本文件形式与字符一一对应,一个字节代表一个字符,便于对字符进行处理,也便于输出字符,但是占用存储空间较多,并且要花费转换时间(二进制形式与 ASCII 码间的转换)。二进制文件可以节省存储空间和转换时间,但一个字节并不对应一个字符,不能直接输出字符形式。一般中间结果数据需要暂时保存在外存上,之后又需要输入内存的,常用二进制文件形式存储。

9.1.3 文件的一般操作过程

　　在 ANSI C 标准中,使用的是“缓冲文件系统”。所谓缓冲文件系统是指系统自动地在内存中为每一个正在使用的文件开辟一个缓冲区,从内存向磁盘输出数据必须先送到内存中的缓冲区,装满后再一起送到磁盘去。如果从磁盘向计算机读入数据,则一次从磁盘文件将一批数据输入到内存缓冲区(充满缓冲区),然后再从缓冲区逐个地将数据送到程序数据区(给程序变量)。如图 9-2 所示。

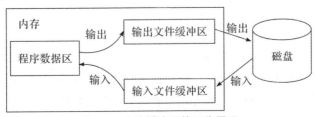

图 9-2　文件缓冲区的工作原理

使用文件一般按照如下流程进行：

1. 打开文件。一般文件的特点是操作前需要先打开文件，打开文件的操作就是在内存中建立一个存放文件的缓冲区，缓冲区的大小由具体的语言标准规定。如果打开文件成功，则操作系统自动在内存中开辟一个文件缓冲区，如果打开文件失败，则内存中不建立文件缓冲区。

2. 操作文件。一旦文件被打开后，便可以对该文件进行读或写操作。从文件中读写数据时，操作系统首先自动把一个扇区的数据导入文件缓冲区，然后由程序控制数据读入并进行处理，一旦数据读入完毕，系统会自动把下一个扇区的数据导入文件缓冲区，以便继续读入数据。把数据写入文件时，首先由程序控制数据写入文件缓冲区，一旦写满文件缓冲区，操作系统会自动把这些数据写入磁盘中的一个扇区，然后把文件缓冲区清空，以便接收新的数据。

3. 关闭文件。打开的文件操作完成后，要及时关闭文件。及时关闭文件可以及时释放所占用的内存空间，还可以保证文件内容的安全。因为每一个打开的文件都会占用一个文件缓冲区，操作系统需要对每一个打开文件进行管理，因此，可同时打开的文件是有限的，如果不及时关闭文件就会耗尽操作系统的文件资源。关闭文件是将文件从内存中清除，送回到磁盘中。因此，关闭文件和删除文件操作是不同的。

9.1.4 文件的指针

在 C 语言中，没有输入输出语句，对文件的操作都是借助文件类型指针和一组标准库函数来实现的。每一个被使用的文件都要在内存中开辟一个区域，用来存放文件的有关信息，包括文件缓冲区的地址、缓冲区的状态、文件当前的读写位置等。这些信息被保存在一个结构体变量中，该结构体类型是由系统定义的，名字为 FILE。在 Turbo C 下的 stdio.h 文件中的 FILE 文件结构的类型定义如下：

```
typedef struct
{
    short level;              /* 缓冲区"空"或"满"的程度 */
    unsigned flags;          /* 文件状态标志 */
    char fd;                 /* 文件描述符 */
    unsigned char hold;      /* 如无缓冲区不读取字符 */
    short bsize;             /* 缓冲区大小 */
    unsigned char * buffer;  /* 数据缓冲区的位置 */
    unsigned char * curp;    /* 当前激活指针 */
    unsigned istemp;         /* 临时文件指示器 */
    short token;             /* 用于有效性校验 */
} FILE;
```

C 语言中通过定义文件类型指针来操作文件。文件指针是一种用来指向某个文件的指针。如果说某个文件指针指向某个文件，则是该文件指针指向某个文件存放在内存中的缓冲区的首地址。同普通变量相同，文件指针变量也要先定义后使用。

定义文件指针变量的一般形式如下：

FILE ＊文件指针变量名；

例如：

FILE ＊fp；

fp 是一个指向 FILE 类型结构体的指针变量。以后要将 fp 与某个已打开的文件相关联，就可以通过该结构体变量中的文件信息访问该文件。如果有 n 个文件需要操作，则需要定义 n 个文件指针变量分别指向 n 个文件，以实现对文件的访问。

9.2 文件的打开与关闭

C 语言中规定的标准文件一共有三个，它们分别是标准输入文件（键盘）、标准输出文件（显示器）和标准出错输出文件，规定错误信息显示在屏幕上。因为在 C 语言中，在程序开始运行时，系统会自动打开 3 个标准文件，并且自动为这三个标准文件分配缓冲区，分别指定文件指针 stdin、stdout 和 stderr，在退出系统时自动关闭。由于前面章节中所使用的读写函数（即输入输出函数）都是针对标准文件的，因此没有涉及文件打开和关闭操作。而对于一般文件（即非标准文件）的读写操作，一般需要先打开文件，操作完成后要及时关闭文件。打开文件，实际上是建立文件缓冲区及文件的各种相关信息，并将文件指针指向该文件，以便执行文件的读写操作。关闭文件，实际上是断开文件指针与文件之间的联系，从而也就禁止了对该文件的读写操作，并将文件缓冲区中的数据写入文件，以避免数据丢失。打开文件和关闭文件由专门的函数来实现。

9.2.1 打开文件

【函数原型】打开文件函数的原型如下：

FILE ＊fopen(char ＊filename,char ＊mode)；

其中，filename 表示需要打开的文件名（可以包含驱动器、路径、文件名、扩展名等）；mode 表示打开文件的方式，即打开文件后要进行哪些操作，具体打开方式如表 9-1 所示。FILE ＊ 表示文件指针返回值。

【功能】按指定方式打开文件，系统分配相应的文件缓冲区。

【返回值】如果文件打开成功，返回指向被打开文件的文件缓冲区的起始地址；如果打开失败，返回一个空指针（NULL，其值在头文件 stdio.h 中被定义为 0）。

表 9-1 文件的打开方式

文件打开方式	含 义
"r"（只读）	以只读方式打开一个文本文件
"w"（只写）	以只写方式打开一个文本文件
"a"（追加）	以追加方式打开一个文本文件
"rb"（只读）	以只读方式打开一个二进制文件

续表

文件打开方式	含义
"wb"(只写)	以只写方式打开一个二进制文件
"ab"(追加)	以追加方式打开一个二进制文件
"r+"(读写)	以读/写方式打开一个文本文件
"w+"(读写)	以读/写方式建立一个新的文本文件
"a+"(读写)	以读/写方式打开一个文本文件
"rb+"(读写)	以读/写方式打开一个二进制文件
"wb+"(读写)	以读/写方式建立一个新的二进制文件
"ab+"(读写)	以读/写方式打开一个二进制文件

说明：

(1)用"r"方式打开的文件应该已经存在,如果文件不存在则打开失败；

(2)用"w"方式打开的文件,如果文件不存在,则建立一个新文件,如果该文件已经存在,则在打开时先将该文件删除,然后重新建立一个新文件；

(3)用"a"方式打开的文件,如果文件不存在,则建立一个新文件,如果该文件已经存在,则向文件末尾添加新的数据(不删除原有数据)；

(4)用"r+"、"w+"、"a+"方式打开的文件既可以用来读取数据,也可以用来写入数据。用"r+"方式打开时该文件应该已经存在,以便能从文件读取数据。用"w+"方式打开则重新建立一个文件,先向此文件写入数据,然后可以读取此文件中的数据。用"a+"方式打开的文件,原来的文件不被删除,位置指针移动到文件末尾,可以添加,也可以读取数据。

(5)在 fopen 函数中,如果文件名前面不带路径,则默认在当前目录下,即与应用程序所在路径相同；如果文件名前面带路径,则路径中的斜线"\"要用双斜线"\\"表示。例如：

FILE *fp;

fp=fopen("test.txt","w");   //以只写方式打开当前文件夹下的文件 test.txt

FILE *fp;

fp=fopen("c:\\ff\\test.txt","r+");   //以读写方式打开指定目录下的文件 test.txt

FILE *fp;

char *filename="c:\\ff\\test.txt"

fp=fopen(filename,"a+");//以追加方式打开指定目录下的文件 test.txt 进行读写

为增强程序的可靠性,常用下面的方法打开一个文件：

if((fp=fopen("文件名","操作方式"))==NULL)

{

    printf("can not open this file\n");

    exit(0);

}

其中函数 exit([程序状态值])的功能为关闭已打开的所有文件,结束程序运行,返回操作系统,并将"程序状态值"返回给操作系统。当"程序状态值"为 0 时,表示程序正常退出；非 0 值时,表示程序出错退出。

9.2.2 关闭文件

程序对文件的读写操作完成后，必须关闭文件，以保证文件的完整性。

1. fclose 函数

【函数原型】fclose 函数的原型如下：

int fclose(FILE *fp);

【功能】关闭文件指针 fp 指向的文件，即把缓冲区内最后剩余的数据输出到磁盘文件中，并释放文件指针和有关的缓冲区。

【返回值】若成功地关闭了文件，则返回一个零值；否则返回一个非零值。

例如：

fclose(fp);

前面我们曾用 fopen 函数把打开文件时所返回的指针赋给了 fp，现在可以通过 fp 把该文件关闭，即 fp 不再指向该文件。

2. fcloseall 函数

【函数原型】fcloseall 函数的原型如下：

int fcloseall(void);

【功能】同时关闭程序中已打开的多个文件(标准设备文件除外)，将各文件缓冲区未装满的内容写到相应的文件中去，并释放这些缓冲区，返回关闭文件的数目。

【返回值】若所有文件关闭成功返回 0，否则返回 EOF。

【例 9-1】 以只读方式打开文件名为 f9-1. txt 的文件，并判断文件是否成功打开与关闭。

问题分析：首先使用 fopen 函数以只读方式打开文件名为 f9-1. txt 的文件，并根据返回值判断文件是否正确打开，然后再使用 fclose 函数关闭文件 f9-1. txt，并根据返回值判断文件是否正确关闭。

程序代码如下：

```cpp
/* example9-1. cpp */
#include<stdio. h>
#include<stdlib.h>
void main()
{
    FILE *fp;
    if((fp=fopen("f9-1. txt","r"))==NULL)
    {
        printf("File open error!\n");
        exit(0);
    }
    else
        printf("File is opened!\n");
```

```
    if(fclose(fp))
    {
        printf("File close error!\n");
        exit(0);
    }
    else
        printf("File is closed!\n");
}
```

若当前目录下存在 f9-1. txt 文件,则程序执行结果如下:

File is opened!

File is closed!

9.3 文件的读写

文件打开之后,就可以对它进行读写操作了。在 C 语言中,对文件的读写是通过函数调用实现的,这些函数的声明都包含在头文件 stdio.h 中。常用的文件读写函数如下所述。

9.3.1 单字符的读/写函数

1. fputc 函数

【函数原型】fputc 函数的原型如下:

int fputc(int ch,FILE *fp)

【功能】在 fp 所指文件的当前位置写入字符 ch。

【返回值】若写入成功,则返回字符 ch 的 ASCII 码;否则返回 EOF(即−1)。

2. fgetc 函数

【函数原型】fgetc 函数的原型如下:

int fgetc(FILE *fp)

【功能】从 fp 所指文件的当前位置读一个字符。

【返回值】如果读取成功,则返回该字符的 ASCII 码值,如果读到文件末尾或出错,返回值为 EOF(即−1)。

【例 9-2】 从键盘上输入要建立的文件名,从键盘输入字符存到该文件中,直到输入'#'为止,再重新读出该文件中的字符,并在屏幕上显示验证。

问题分析:首先从键盘上输入要建立的文件名,然后使用 fopen 函数以只写方式打开该文件,接着从键盘逐个输入字符,并调用 fputc 函数将该字符写入文件,直到输入字符'#'为止。

程序代码如下:

```
/* example9-2. cpp */
#include<stdio. h>
#include<stdlib.h>
```

```
void main()
{
    FILE *fp;
    char ch,filename[30];
    printf("请输入需要建立的文件名:\n");
    scanf("%s",filename);
    if((fp=fopen(filename,"w"))==NULL)
    {
        printf("file open error!\n");
        exit(0);
    }
    printf("请输入字符序列,#表示结束:\n");
    ch=getchar();
    while(ch!='#')
    {
        fputc(ch,fp);
        ch=getchar();
    }
    if(fclose(fp))
    {
        printf("file close error!\n");
        exit(0);
    }
    if((fp=fopen(filename,"r"))==NULL)
    {
        printf("file open error!\n");
        exit(0);
    }
    while((ch=fgetc(fp))!=EOF)
        putchar(ch);
    if(fclose(fp))
    {
        printf("file close error!\n");
        exit(0);
    }
}
```

则程序执行结果如下:

请输入需要建立的文件名:

f9-2. txt↙

请输入字符序列,♯表示结束:

This is a test! ♯↙

This is a test!

9.3.2 字符串的读/写函数

1. fputs 函数

【函数原型】fputs 函数的原型如下:

int fputs(char *str,FILE *fp)

【功能】向 fp 所指向的文件中写入字符串 str(不包含字符串结束符'\0')。

【返回值】如果执行成功,函数返回 0,否则函数返回 EOF(即−1)。

2. fgets 函数

【函数原型】fgets 函数的原型如下:

char *fgets(char *str,int length,FILE *fp)

其中,str 可以是字符数组名或字符指针;length 为指定读入的字符个数;fp 为文件指针。

【功能】从 fp 所指的文件中读 length−1 个字符存入 str 所指向内存地址开始的 length −1 个连续的内存单元中,并在最后加一个'\0'。如果在读入规定长度之前遇到文件尾 EOF 或换行符,读入即结束。

【返回值】如果执行成功,返回读取字符串的首地址;如果失败(出错或遇到文件尾)则返回空指针(NULL)。

【例 9-3】 将字符串"excellent","good","pass","fail"写入到磁盘文件 f9-3. txt 中,然后再从该文件中读出字符串,并在屏幕上显示出来。

问题分析:首先使用 fopen 函数以只写方式打开文件 f9-3. txt,然后调用 fputs 函数将 4 个字符串写入文件并关闭文件;接着再以只读方式打开文件 f9-3. txt,然后调用 fgets 函数依次将 4 个字符串从文件中读出并显示在屏幕上。

程序代码如下:

```
/*    example9-3. cpp    */
#include<stdio. h>
#include<stdlib.h>
#include<string.h>
void main()
{
    FILE *fp;
    char grade[][10]={"excellent","good","pass","fail"},str[10];
    int i;
    if((fp=fopen("f9-3. txt","w"))==NULL)
    {
        printf("File open error!\n");
```

```
      exit(0);
   }
   for(i=0;i<4;i++)
      fputs(grade[i],fp);
   fclose(fp);
   if((fp=fopen("f9-3. txt","r"))==NULL)
   {
      printf("File open error!\n");
      exit(0);
   }
   i=0;
   while(!feof(fp))
   {
      if(fgets(str,strlen(grade[i++])+1,fp)!=NULL)
         puts(str);
   }
   fclose(fp);
}
```

则程序执行结果如下：

excellent

good

pass

fail

9.3.3 格式化读/写函数

fprintf 和 fscanf 函数与前面使用的 print 和 scanf 函数的功能相似，都是格式化读写函数。两者的区别在于 fscanf 和 fprint 函数的读写对象不是键盘和显示器，而是磁盘文件。

1. fprintf 函数

【函数原型】fprintf 函数的原型如下：

int fprintf(FILE *fp,const char *format[,argument,…]);

其中，fp 是文件指针，format 为格式字符串，argument 为输出参数表列。

【功能】按 format 指定的格式把输出参数列表中的数据写到 fp 指向的文件中。

【返回值】若输出成功，返回输出字符的个数；否则返回 EOF(即−1)。

2. fscanf 函数

【函数原型】fscanf 函数的原型如下：

int fscanf(FILE *fp,const char *format[,address,…]);

其中，fp 是文件指针，format 为格式字符串，address 为输入参数地址表列。

【功能】从 fp 指向的文件中按 format 指定的格式读入数据到各输入变量。

【返回值】若读取成功,返回已输入的数据个数;否则返回 EOF(即-1)。

注意:与 fgets 不同,fscanf 遇到空格或换行符时结束,而 fgets 遇到空格不结束。

【例 9-4】 从键盘输入一个学生的姓名、年龄和入学成绩,并存入"f9-4. txt"文件中,然后再从"f9-4. txt"文件中读出信息并显示在屏幕上。

问题分析:首先以只写方式打开文件 f9-4. txt,从键盘输入一个学生的姓名、年龄和入学成绩,并使用函数 fprintf 写到文件 f9-4. txt,关闭文件。然后再以只读方式打开文件 f9-4. txt,并使用函数 fscanf 从文件 f9-4. txt 中读出学生的姓名、年龄和入学成绩,并显示在屏幕上。

程序代码如下:

```cpp
/* example 9-4. cpp */
#include<stdio. h>
#include<stdlib.h>
struct student
{
  char name[10];
  int age;
  float score;
}stu;
void main()
{
  struct student stu;
  FILE *fp;
  if((fp=fopen("f9-4. txt","w"))==NULL)
  {
    printf("open file error!\n");
    exit(0);
  }
  printf("请输入学生姓名:");
  scanf("%s",stu.name);
  printf("请输入学生年龄:");
  scanf("%d",&stu.age);
  printf("请输入学生成绩:");
  scanf("%f",&stu.score);
  fprintf(fp,"%-10s%d%8.1f",stu.name,stu.age,stu.score);
  fclose(fp);
  if((fp=fopen("f9-4. txt","r"))==NULL)
  {
    printf("open file error!\n");
```

```
        exit(0);
    }
    fscanf(fp,"%s%d%f",stu.name,&stu.age,&stu.score);
    printf("\n 姓名\t 年龄\t 入学成绩\n");
    printf("%-10s%d%8.1f\n",stu.name,stu.age,stu.score);
    fclose(fp);
}
```

程序执行结果如下：

请输入学生姓名：李丽↙

请输入学生年龄：17↙

请输入学生成绩：598.5↙

姓名	年龄	入学成绩
李丽	17	598.5

9.3.4 数据块的读/写

1. fwrite 函数

【函数原型】fwrite 函数的原型如下：

int fwrite(void *buffer,unsigned size,unsigned count,FILE *fp);

【功能】将 buffer 指向的连续 size * count 个字节的数据写入 fp 指向的文件。

【返回值】如果执行成功,返回写入文件中实际数据项的个数；否则,返回 0。

2. fread 函数

【函数原型】fread 函数的原型如下：

int fread(void *buffer,unsigned size,unsigned count,FILE *fp);

【功能】从 fp 指向的文件中读取 size * count 个字节的数据,存入 buffer 指向的内存区。

【返回值】如果执行成功,返回从文件中实际所读取的数据项个数；否则,返回 0。

说明：

buffer：指向要输入/输出数据块的首地址的指针；

size：每个要读/写的数据块的大小(字节数)；

count：要读/写的数据块的个数；

fp：要读/写的文件指针；

fread 与 fwrite 一般用于二进制文件的输入/输出。

【例 9-5】 编写程序,从键盘输入若干个职员信息,把它们存到磁盘文件 employee.dat 中。假设每个职工的数据包括工号、姓名、性别、年龄、工资。

问题分析：以只写方式打开二进制文件 employee.dat,依次输入每个员工的各项信息,并使用函数 fwrite 写到文件 employee.dat 中。

程序代码如下：

```
/*    example9-5.cpp    */
#include<stdio.h>
```

```
#include<stdlib.h>
typedef struct
{
  int num;
  char name[6];
  int age;
  char sex[2];
  float salary;
}EMP;
void main()
{
  FILE *fp;
  EMP ep;
  char ch='y';
  if((fp=fopen("employee.dat","wb"))==NULL)
  {
    printf("open file error!\n");
    exit(0);
  }
  do{
    printf("请输入工号:");
    scanf("%d",&ep.num);
    printf("请输入姓名:");
    scanf("%s",ep.name);
    printf("请输入年龄:");
    scanf("%d",&ep.age);
    printf("请输入性别:");
    scanf("%s",ep.sex);
    printf("请输入工资:");
    scanf("%f",&ep.salary);
    fwrite(&ep,sizeof(EMP),1,fp);
    fflush(stdin);
    printf("继续输入吗? 继续请输入 y 或 Y:");
    scanf("%c",&ch);
  }while(ch=='y'||ch=='Y');
  fclose(fp);
}
```

程序运行情况如下:

请输入工号:1001↙

请输入姓名:张大军↙

请输入年龄:35↙

请输入性别:男↙

请输入工资:4876.5↙

继续输入吗? 继续请输入 y 或 Y:y↙

请输入工号:1002↙

请输入姓名:李小花↙

请输入年龄:28↙

请输入性别:女↙

请输入工资:4356.2↙

继续输入吗? 继续请输入 y 或 Y:n↙

上述程序运行完毕,屏幕并没有输出任何信息,只是将从键盘输入的数据送到磁盘文件 employee.dat 中。

【例 9-6】 编写程序,将上例中新建的 employee.dat 文件的数据读出并将它们输出到屏幕上。

问题分析:以只读方式打开二进制文件 employee.dat,使用函数 fread 每次读取一条员工记录信息,并显示在屏幕上,直到文件结尾。

程序代码如下:

```cpp
/*   example9-6. cpp   */
#include<stdio. h>
#include<stdlib.h>
typedef struct
{
    int num;
    char name[6];
    int age;
    char sex[2];
    float salary;
}EMP;
void main()
{
    FILE  *fp;
    EMP ep;
    if((fp=fopen("employee.dat","rb"))==NULL)
    {
        printf("open file error!\n");
        exit(0);
```

```
    }
    printf("工号  姓  名  年龄  性别  工资\n");
    printf("————————————————————————————\n");
    while(1)
    {
        fread(&ep,sizeof(EMP),1,fp);
        if(!feof(fp))
            printf("%6d  %6s  %6d    %6s    %-8.2f \n",ep.num,ep.name,ep.
                age,ep.sex,ep.salary);
        else
            break;
    }
    fclose(fp);
}
```

程序运行时不需要从键盘输入任何数据,屏幕显示以下信息:

```
工号  姓  名  年龄  性别    工资
————————————————————————
1001   张大军   35     男      4876.50
1002   李小花   28     女      4356.20
```

9.4 其他相关函数

9.4.1 文件指针定位函数

为了对读写进行控制,系统为每个文件设置了一个文件读写位置标记,即文件位置指针,用来指示"接下来要读写的下一个字符的位置"。一般情况下,在对字符文件进行顺序读写时,文件位置指针指向文件开头,进行读操作时,就读第一个字符,然后文件位置指针向后移一个位置,在下一次读操作时,就将位置指针指向的第二个字符读入。依此类推,直到遇到文件尾结束。如果是顺序写文件,则每写完一个数据后,文件位置指针顺序向后移一个位置,然后在下一次执行写操作时把数据写入指针所指的位置。直到把全部数据写完,此时文件位置指针在最后一个数据之后。

注意:文件指针和文件位置指针的区别。

文件指针保存已打开文件所对应的 FILE 结构在内存的地址;文件位置指针则指向文件当前读写的位置。

前面介绍的对文件的读写方式都是顺序读写,即读写文件只能从头开始,顺序读写各个数据。但实际应用中常要求只读写文件中某一指定的部分。为了解决这个问题可移动文件内部的位置指针到需要读写的位置,再进行读写,这种读写称为随机读写。实现随机读写的关键是按要求移动位置指针,这称为文件的定位。下面是几个和文件定位有关的函数。

1. rewind 函数

【函数原型】rewind 函数的原型如下：

void rewind(FILE *fp)；

【功能】将 fp 指示的文件中的位置指针移动到文件开头位置。

【返回值】无。

2. fseek 函数

【函数原型】fseek 函数的原型如下：

int fseek(FILE *fp,long offset,int from)

【功能】使文件指针移动到所需的位置。将 fp 指示的文件中的位置指针移到由起始位置 from 开始、位移量为 offset 的位置。

【返回值】若执行成功，返回值为当前位置；否则返回一个非零值。

说明：位移量一般是 long 型数据，当用常量表示位移量时，要求加后缀"L"；起始点表示从何处开始计算位移量，规定的起始点有三种：文件头、当前位置和文件尾。表示方法如表 9-2 所示。

表 9-2　起始点位置及其代表符号对应表

起始点具体位置	符号代表	数字代表
文件的开头	SEEK_SET	0
文件位置指针的当前位置	SEEK_CUR	1
文件尾	SEEK_END	2

例如：

fseek(fp,10L,0)；　　　　　　　/* 将文件位置指针从文件开头移到第 10 个字节处 */

fseek(fp,－20L,1)；　　　　　　/* 将文件位置指针从当前位置向前移动 20 个字节 */

fseek(fp,0L,SEEK_END)；　　　/* 将文件位置指针移到文件尾 */

3. ftell 函数

【函数原型】ftell 函数的原型如下：

long ftell(FILE *fp)；

【功能】返回文件位置指针的当前位置(用距离文件开头的字节数表示)。

【返回值】若执行成功，返回当前位置指针的位置；失败，返回－1L。

例如：

long i；

i＝ftell(fp)；

if(i＝＝－1L)

　printf("error\n")；

9.4.2 错误检测函数

1. ferror 函数

【函数原型】ferror 函数的原型如下：

int ferror(FILE *fp);

【功能】检查文件在用各种输入输出函数进行读写时是否出错。

【返回值】若返回值为 0,表示文件操作未出错,否则表示出错。

注意:在执行 fopen 函数时,ferror 函数的初始值自动置为 0。对同一个文件每一次调用输入输出函数,均产生一个新的 ferror 函数值,因此,应当在调用一个输入输出函数后立即检查 ferror 函数的值,否则信息会丢失。

2. clearerr 函数

【函数原型】clearerr 函数的原型如下:

void clearerr(FILE *fp);

【功能】用于清除出错标志和文件结束标志,使它们为 0 值。

【返回值】无。

3. feof 函数

【函数原型】feof 函数的原型如下:

int feof(FILE *fp)

【功能】判断文件位置指针是否到达文件尾。

【返回值】如果到达文件尾,返回非 0 值,否则返回值为 0。

(1)对于文本文件,遇文件尾时返回 EOF(即 -1)。

(2)对于二进制文件,若遇文件尾则返回值为 1。

9.5 程序范例

9.5.1 解决任务 9.1 的程序

问题分析:在输入学生的通讯信息时,将学生的各项信息以追加方式存入文件 contacts.txt;查找某学生的联系方式并输出其信息时,以只读方式打开文件 contacts.txt。采用格式化方式对文件进行读写操作。

程序代码如下:

```cpp
/* task9-1. cpp */
#include<stdio. h>
#include<stdlib.h>
#include<string.h>
typedef struct
{
    char name[10];
    char phone[15];
    char QQ[10];
    char Email[30];
}CONTACT;
```

```
void load();
void search();
void main()
{
    char choice;
    do
    {
        printf("――――――――――――――――――\n");
        printf("1. 输入信息    2. 查找    0. 退出\n");
        printf("――――――――――――――――――\n");
        printf("请输入你的选择(0-2):");
        scanf("%d",&choice);
        switch(choice)
        {
            case 1:load();break;
            case 2:search();break;
        }
    }while(choice==1  || choice==2);
}
void load()
{
    FILE *fp;
    char ch='y';
    CONTACT stu;
    if((fp=fopen("contacts.txt","a"))==NULL)
    {
        printf("open file error!\n");
        exit(0);
    }
    do
    {
        printf("请输入学生姓名:");
        scanf("%s",stu.name);
        printf("请输入联系电话:");
        scanf("%s",stu.phone);
        printf("请输入 QQ 号码:");
        scanf("%s",stu.QQ);
        printf("请输入邮箱地址:");
```

```c
        scanf("%s",stu.Email);
        fprintf(fp,"%10s%15s%10s%30s",stu.name,stu.phone,stu.QQ,stu.Email);
        fputc('\n',fp);
        fflush(stdin);
        printf("继续输入吗？继续请输入 y 或 Y");
        scanf("%c",&ch);
    }while(ch=='y'||ch=='Y');
    fclose(fp);
}


void search()
{
    FILE *fp;
    int flag=0;
    char name[10];
    CONTACT stu;
    if((fp=fopen("contacts.txt","r"))==NULL)
    {
        printf("open file error!\n");
        exit(0);
    }
    printf("请输入要查找的学生姓名:");
    scanf("%s",name);
    while(1)
    {
        fscanf(fp,"%s%s%s%s",stu.name,stu.phone,stu.QQ,stu.Email);
        if(!feof(fp))
        {
            if(strcmp(name,stu.name)==0)
            {
                lag=1;
                printf("姓名：%s\n",stu.name);
                printf("电话号码：%s\n",stu.phone);
                printf("QQ：%s\n",stu.QQ);
                printf("E_mail：%s\n",stu.Email);
                break;
            }
        }
```

```
        else
            break；
    }
    if(!flag) printf("查无此人!\n")；
        fclose(fp)；
}
```

程序运行情况如下：

————————————————————

1. 输入信息　　2. 查找　　0. 退出

————————————————————

请输入你的选择(0-2):1↙
请输入学生姓名:赵强↙
请输入联系电话:13101234567↙
请输入 QQ 号码:8976543↙
请输入邮箱地址:zhaoq_66@163.com↙
继续输入吗？继续请输入 y 或 Y:y↙
请输入学生姓名:王小丽↙
请输入联系电话:13898765431↙
请输入 QQ 号码:3256478↙
请输入邮箱地址:3256478@qq.com↙
继续输入吗？继续请输入 y 或 Y:n↙

————————————————————

1. 输入信息　　2. 查找　　0. 退出

————————————————————

请输入你的选择(0-2):2↙
请输入要查找的学生姓名:王小丽↙
姓名:王小丽
电话号码:13898765431
QQ:3256478
E_mail:3256478@qq.com

————————————————————

1. 输入信息　　2. 查找　　0. 退出

————————————————————

请输入你的选择(0-2):0↙

9.5.2 文件合并

【例 9-7】　编写程序实现将文件 1 和文件 2 两个文件合并生成一个新文件 new.txt。
问题分析:以只读方式分别打开文件 1 和文件 2,以只写方式打开文件 new.txt,首先依次读取文件 1 的每一个字符写入文件 new.txt 中,接着再依次读取文件 2 的每一个字符写入文件 new.txt 中。

程序代码如下:

```cpp
/* example9-7. cpp */
#include<stdio. h>
#include<stdlib.h>
void main()
{
    FILE *fp1,*fp2,*fp3;
    char ch,fname1[20],fname2[20];
    printf("请输入文件 1 的名字:");
    scanf("%s",fname1);
    printf("请输入文件 2 的名字:");
    scanf("%s",fname2);
    if((fp1=fopen(fname1,"r"))==NULL)
    {
        printf("文件 1 打开失败!\n");
        exit(0);
    }
    if((fp2=fopen(fname2,"r"))==NULL)
    {
        printf("文件 2 打开失败\n");
        exit(0);
    }
    if((fp3=fopen("new.txt","w"))==NULL)
    {
        printf("文件 new 创建失败\n");
        exit(0);
    }
    while(!feof(fp1))
    {
        ch=fgetc(fp1);
        fputc(ch,fp3);
    }
    while(!feof(fp2))
    {
        ch=fgetc(fp2);
        fputc(ch,fp3);
```

```
        }
    fclose(fp1);
    fclose(fp2);
    fclose(fp3);
    printf("文件合并完毕!\n");
}
```

程序运行情况如下：

请输入文件 1 的名字：f9-1.txt↙

请输入文件 2 的名字：f9-2.txt↙

文件合并完毕!

三个文件内容如图 9-3 所示。

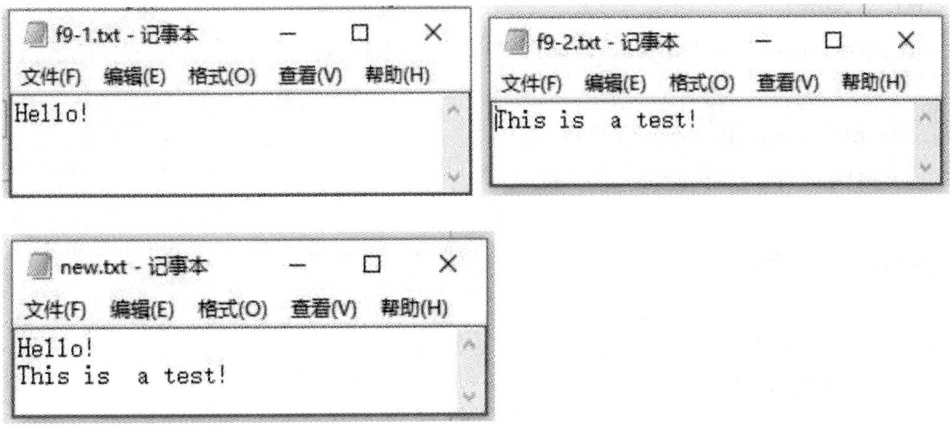

图 9-3 文件内容

9.5.3 学生成绩管理

【例 9-8】 编写程序，从键盘输入若干个学生信息，包括学号、姓名和三门课程的成绩，并计算每个学生的平均分，把它们存到磁盘文件 student.dat 中。然后将文件 student.dat 中的数据按平均分从高到低排序，在屏幕上显示排序后的结果，并将结果写入文件 stu_sort.dat 中。

问题分析：以读/写方式打开文件 student.dat，从键盘输入每个学生的学号、姓名和三门课程的成绩，并计算平均分，把它们写入文件 student.dat，然后将文件位置指针调到文件 student.dat 开头，依次读取出文件中的学生信息到数组中，利用冒泡排序法对数组中的数据按照平均分降序排序，以只写方式打开文件 stu_sort.dat，将数组中的数据依次写入文件中。

程序代码如下：

```
/*    example9-8.cpp    */
#include<stdio.h>
#include<stdlib.h>
#define N 4
```

```
struct student
{
  int num[6];
  char name[10];
  int score[3];
  float ave;
};
void main()
{
  FILE *fp, *fps;
  struct student stu,stus[N];
  int i,j,sum;
  if((fp=fopen("student.dat","wb+"))==NULL)
  {
    printf("open file error!\n");
    exit(0);
  }
  for(i=0;i<N;i++)
  {
    printf("请输入学生%d 的信息:\n",i+1);
    printf("学号:");
    scanf("%s",stu.num);
    printf("姓名:");
    scanf("%s",stu.name);
    sum=0;
    for(j=0;j<3;j++)
    {
      printf("请输入课程%d 的成绩:",j+1);
      scanf("%d",&stu.score[j]);
      sum+=stu.score[j];
    }
    stu.ave=sum/3.0;
    fwrite(&stu,sizeof(struct student),1,fp);
    fflush(stdin);
  }
  rewind(fp);
  if((fps=fopen("stu_sort.dat","wb"))==NULL)
  {
```

```
        printf("open file error!\n");
        exit(0);
    }
    for(i=0;i<N;i++)
        fread(&stus[i],sizeof(struct student),1,fp);
    for(i=0;i<N;i++)
        for(j=0;j<N-i-1;j++)
            if(stus[j].ave<stus[j+1].ave)
            {
                stu=stus[j];
                stus[j]=stus[j+1];
                stus[j+1]=stu;
            }
    printf("\n 排序后的结果为:\n");
    for(i=0;i<N;i++)
    {
        fwrite(&stus[i],sizeof(struct student),1,fps);
        printf("%s %s %d   %d   %d   %.1f\n",stus[i].num,stus[i].name,stus[i].score
        [0],stus[i].score[1],stus[i].score[2],stus[i].ave);
    }
    fclose(fp);
    fclose(fps);
}
```

程序运行情况如下:

请输入学生 1 的信息:

学号:150101↙

姓名:张强↙

请输入课程 1 的成绩:68↙

请输入课程 2 的成绩:75↙

请输入课程 3 的成绩:71↙

请输入学生 2 的信息:

学号:150102↙

姓名:赵小娜↙

请输入课程 1 的成绩:92↙

请输入课程 2 的成绩:89↙

请输入课程 3 的成绩:95↙

请输入学生 3 的信息:

学号:150103↙

姓名:李军↙
请输入课程 1 的成绩:86↙
请输入课程 2 的成绩:90↙
请输入课程 3 的成绩:82↙
请输入学生 4 的信息:
学号:150104↙
姓名:王萍↙
请输入课程 1 的成绩:62↙
请输入课程 2 的成绩:70↙
请输入课程 3 的成绩:65↙
排序后的结果为:
150102 赵小娜 92   89   95   92.0
150103 李军 86   90   82   86.0
150101 张强 68   75   71   71.3
150104 王萍 62   70   65   65.7

 小结

　　文件操作是程序设计中的一个重要内容。通过文件操作,实现以文件作为程序数据的输入,还可以使用文件长期保存程序的输出结果。本章首先引入了文件与文件指针的概念,然后介绍了与文件操作相关的若干函数。

　　C 语言中通过定义文件类型指针来操作文件,文件类型指针变量是指向该 FILE 类型的结构体的指针变量。对文件操作的一般步骤为:定义文件指针变量、打开文件、读/写文件、关闭文件。

　　在 C 语言中,对文件的读写等操作是通过函数调用实现的,与文件读写相关的函数有 fputc()和 fgetc()、fputs()和 fgets()、fscanf()和 fprintf()、fread()和 fwrite()。通常情况下,一般依照下列原则选用读/写函数:

　　(1)读/写 1 个字符(或字节)数据时:选用 fgetc()和 fputc()函数。

　　(2)读/写 1 个字符串时:选用 fgets()和 fputs()函数。

　　(3)整体读/写结构体或数组时:选用 fread()和 fwrite()函数。

　　(4)读/写 1 个(或多个)含格式的数据时:选用 fscanf()和 fprintf()函数。另外可以通过 fseek()函数实现文件的随机读写。

 习题

　　1. 什么是文件? C 语言中文件分为哪几类? 各有什么特点?

　　2. 什么是缓冲文件系统?

　　3. 什么是文件指针? 什么是文件位置指针?

4. 文件操作的一般过程是什么？

5. 编写程序，对指定的文本文件加上行号后显示出来。

6. 对于给定的文本文件，编写一个算法统计文件中各个不同字符出现的频度并将结果存入文件 result.txt 中（假定文件中的字符为 A～Z 这 26 个字母和 0～9 这 10 个数字）。

7. 对于例 9-5 的文件 exployee.dat，编写程序实现如下功能：

(1)在文件 exployee.dat 末尾追加职工记录；

(2)修改文件中指定工号的职工数据；

(3)从文件中删除指定工号的职工数据。

8. 编写程序，模拟用户注册和登录功能。其中需要将从键盘输入的用户密码加密后保存到文件中，加密方法采用异或运算。

附录 1 常用字符与 ASCII 码对照表

ASCII 码	字符	ASCII 码	字符	ASCII 码	字符	ASCII 码	字符	ASCII 码	字符	ASCII 码	字符
000	NUL	022	SYN($\wedge$V)	044	,	066	B	088	X	110	n
001	SOH($\wedge$A)	023	ETB($\wedge$W)	045	_	067	C	089	Y	111	o
002	STX($\wedge$B)	024	CAN($\wedge$X)	046	.	068	D	090	Z	112	p
003	ETX($\wedge$C)	025	EM($\wedge$Y)	047	/	069	E	091	[	113	q
004	EOT($\wedge$D)	026	SUB($\wedge$Z)	048	0	070	F	092	\	114	r
005	EDQ($\wedge$E)	027	ESC	049	1	071	G	093	]	115	s
006	ACK($\wedge$F)	028	FS	050	2	072	H	094	$\wedge$	116	t
007	BEL(bell)	029	GS	051	3	073	I	095	—	117	u
008	BS($\wedge$H)	030	RS	052	4	074	J	096	`	118	v
009	HT($\wedge$I)	031	US	053	5	075	K	097	a	119	w
010	LF($\wedge$J)	032	Space	054	6	076	L	098	b	120	x
011	VT($\wedge$K)	033	!	055	7	077	M	099	c	121	y
012	FF($\wedge$L)	034	"	056	8	078	N	100	d	122	z
013	CR($\wedge$M)	035	#	057	9	079	O	101	e	123	{
014	SO($\wedge$N)	036	$	058	:	080	P	102	f	124	|
015	SI($\wedge$O)	037	%	059	;	081	Q	103	g	125	}
016	DLE($\wedge$P)	038	&	060	<	082	R	104	h	126	~
017	DC1($\wedge$Q)	039	'	061	=	083	S	105	i	127	del
018	DC2($\wedge$R)	040	(	062	>	084	T	106	j		
019	DC3($\wedge$S)	041	)	063	?	085	U	107	k		
020	DC4($\wedge$T)	042	*	064	@	086	V	108	l		
021	NAK($\wedge$U)	043	+	065	A	087	W	109	m		

注:表中用十进制表示 ASCII 码。符号 $\wedge$ 代表 Ctrl 键

附录 2　C 语言运算符优先级详细列表与说明

优先级	运算符	名称或含义	使用形式	结合方向	说明
15	[]	数组下标	数组名[常量表达式]	左到右	
	()	圆括号	(表达式)/函数名 (形参表)		
	.	成员选择(对象)	对象.成员名		
	->	成员选择(指针)	对象指针->成员名		
14	-	负号运算符	-表达式	右到左	单目运算符
	(类型)	强制类型转换	(数据类型)表达式		
	++	自增运算符	++变量名/变量名++		单目运算符
	--	自减运算符	--变量名/变量名--		单目运算符
	*	取值运算符	*指针变量		单目运算符
	&	取地址运算符	&变量名		单目运算符
	!	逻辑非运算符	!表达式		单目运算符
	~	按位取反运算符	~表达式		单目运算符
	sizeof	长度运算符	sizeof(表达式)		
13	/	除	表达式/表达式	左到右	双目运算符
	*	乘	表达式*表达式		双目运算符
	%	余数(取模)	整型表达式/整型表达式		双目运算符
12	+	加	表达式+表达式	左到右	双目运算符
	-	减	表达式-表达式		双目运算符
11	<<	左移	变量<<表达式	左到右	双目运算符
	>>	右移	变量>>表达式		双目运算符
10	>	大于	表达式>表达式	左到右	双目运算符
	>=	大于等于	表达式>=表达式		双目运算符
	<	小于	表达式<表达式		双目运算符
	<=	小于等于	表达式<=表达式		双目运算符

续表

优先级	运算符	名称或含义	使用形式	结合方向	说明
9	==	等于	表达式 == 表达式	左到右	双目运算符
	!=	不等于	表达式 != 表达式		双目运算符
8	&	按位与	表达式 & 表达式	左到右	双目运算符
7	^	按位异或	表达式 ^ 表达式	左到右	双目运算符
6	|	按位或	表达式 | 表达式	左到右	双目运算符
5	&&	逻辑与	表达式 && 表达式	左到右	双目运算符
4	||	逻辑或	表达式 || 表达式	左到右	双目运算符
3	?:	条件运算符	表达式1? 表达式2：表达式3	右到左	三目运算符
2	=	赋值运算符	变量 = 表达式	右到左	
	/=	除后赋值	变量 /= 表达式		
	*=	乘后赋值	变量 * = 表达式		
	%=	取模后赋值	变量 %= 表达式		
	+=	加后赋值	变量 += 表达式		
	-=	减后赋值	变量 -= 表达式		
	<<=	左移后赋值	变量 <<= 表达式		
	>>=	右移后赋值	变量 >>= 表达式		
	&=	按位与后赋值	变量 &= 表达式		
	^=	按位异或后赋值	变量 ^= 表达式		
	|=	按位或后赋值	变量 |= 表达式		
1	,	逗号运算符	表达式,表达式,…	左到右	从左向右顺序运算

附录 3　C 语言常用的库函数

库函数并不是 C 语言的一部分,它是由编译系统根据一般用户的需要编制并提供给用户使用的一组程序。每一种 C 编译系统都提供了一批库函数,不同的编译系统所提供的库函数的数目和函数名以及函数功能是不完全相同的。ANSIC 标准提出了一批建议提供的标准库函数。它包括了目前多数 C 编译系统所提供的库函数,读者在编写 C 程序时可根据需要,查阅有关系统的函数使用手册。

1. 数学函数

使用数学函数时,应该在源文件中使用预编译命令:

♯include ＜math.h＞或 ♯include "math.h"

函数名	函数原型	功能	返回值
acos	double acos(double x);	计算 arccos x 的值,其中$-1 \leqslant x \leqslant 1$	计算结果
asin	double asin(double x);	计算 arcsin x 的值,其中$-1 \leqslant x \leqslant 1$	计算结果
atan	double atan(double x);	计算 arctan x 的值	计算结果
atan2	double atan2(double x,double y);	计算 arctan x/y 的值	计算结果
cos	double cos(double x);	计算 cos x 的值,其中 x 的单位为弧度	计算结果
cosh	double cosh(double x);	计算 x 的双曲余弦 cosh x 的值	计算结果
exp	double exp(double x);	求 e^x 的值	计算结果
fabs	double fabs(double x);	求 x 的绝对值	计算结果
floor	double floor(double x);	求出不大于 x 的最大整数	该整数的双精度实数
fmod	double fmod(double x,double y);	求整除 x/y 的余数	返回余数的双精度实数
frexp	double frexp (double val, int *eptr);	把双精度数 val 分解成数字部分(尾数)和以 2 为底的指数,即 $val = x * 2^n$,n 存放在 eptr 指向的变量中	数字部分 x $0.5 \leqslant x < 1$
log	double log(double x);	求 lnx 的值	计算结果
log10	double log10(double x);	求 $\log_{10} x$ 的值	计算结果
modf	double modf (double val, int *iptr);	把双精度数 val 分解成数字部分和小数部分,把整数部分存放在 ptr 指向的变量中	val 的小数部分

续表

函数名	函数原型	功能	返回值
pow	double pow(double x,double y);	求 x^y 的值	计算结果
sin	double sin(double x);	求 sin x 的值,其中 x 的单位为弧度	计算结果
sinh	double sinh(double x);	计算 x 的双曲正弦函数 sinh x 的值	计算结果
sqrt	double sqrt(double x);	计算 $\sqrt{x}$,其中 $x \geq 0$	计算结果
tan	double tan(double x);	计算 tan x 的值,其中 x 的单位为弧度	计算结果
tanh	double tanh(double x);	计算 x 的双曲正切函数 tanh x 的值	计算结果

2. 字符函数

在使用字符函数时,应该在源文件中使用预编译命令:

♯include ＜ctype.h＞或♯include "ctype.h"

函数名	函数原型	功能	返回值
isalnum	int isalnum(int ch);	检查 ch 是否字母或数字	是字母或数字返回 1,否则返回 0
isalpha	int isalpha(int ch);	检查 ch 是否字母	是字母返回 1,否则返回 0
iscntrl	int iscntrl(int ch);	检查 ch 是否控制字符(其 ASCII 码在 0 和 0xlF 之间)	是控制字符返回 1,否则返回 0
isdigit	int isdigit(int ch);	检查 ch 是否数字	是数字返回 1,否则返回 0
isgraph	int isgraph(int ch);	检查 ch 是否是可打印字符(其 ASCII 码在 0x21 和 0x7e 之间),不包括空格	是可打印字符返回 1,否则返回 0
islower	int islower(int ch);	检查 ch 是否是小写字母(a~z)	是小字母返回 1,否则返回 0
isprint	int isprint(int ch);	检查 ch 是否是可打印字符(其 ASCII 码在 0x21 和 0x7e 之间),不包括空格	是可打印字符返回 1,否则返回 0
ispunct	int ispunct(int ch);	检查 ch 是否是标点字符(不包括空格)即除字母、数字和空格以外的所有可打印字符	是标点返回 1,否则返回 0
isspace	int isspace(int ch);	检查 ch 是否空格、跳格符(制表符)或换行符	是,返回 1,否则返回 0
isupper	int isupper(int ch);	检查 ch 是否大写字母(A~Z)	是大写字母返回 1,否则返回 0
isxdigit	int isxdigit(int ch);	检查 ch 是否一个 16 进制数字(即 0~9,或 A 到 F,a~f)	是,返回 1,否则返回 0
tolower	int tolower(int ch);	将 ch 字符转换为小写字母	返回 ch 对应的小写字母
toupper	int toupper(int ch);	将 ch 字符转换为大写字母	返回 ch 对应的大写字母

3. 字符串函数

使用字符串中函数时,应该在源文件中使用预编译命令:

#include <string.h>或#include "string.h"

函数名	函数原型	功能	返回值
memchr	void memchr(void * buf,char ch,unsigned count);	在 buf 的前 count 个字符里搜索字符 ch 首次出现的位置	返回指向 buf 中 ch 的第一次出现的位置指针。若没有找到 ch,返回 NULL
memcmp	int memcmp(void * buf1,void * buf2,unsigned count);	按字典顺序比较由 buf1 和 buf2 指向的数组的前 count 个字符	buf1<buf2,为负数 buf1=buf2,返回 0 buf1>buf2,为正数
memcpy	void * memcpy(void * to,void * from,unsigned count);	将 from 指向的数组中的前 count 个字符拷贝到 to 指向的数组中。From 和 to 指向的数组不允许重叠	返回指向 to 的指针
memove	void * memove(void * to,void * from,unsigned count);	将 from 指向的数组中的前 count 个字符拷贝到 to 指向的数组中。From 和 to 指向的数组不允许重叠	返回指向 to 的指针
memset	void * memset (void * buf, char ch,unsigned count);	将字符 ch 拷贝到 buf 指向的数组前 count 个字符中。	返回 buf
strcat	char * strcat(char * str1,char * str2);	把字符 str2 接到 str1 后面,取消原来 str1 最后面的串结束符"\0"	返回 str1
strchr	char * strchr (char * str, int ch);	找出 str 指向的字符串中第一次出现字符 ch 的位置	返回指向该位置的指针,如找不到,则应返回 NULL
strcmp	int * strcmp(char * str1,char * str2);	比较字符串 str1 和 str2	若 str1<str2,为负数 若 str1=str2,返回 0 若 str1>str2,为正数
strcpy	char * strcpy(char * str1,char * str2);	把 str2 指向的字符串拷贝到 str1 中去	返回 str1
strlen	unsigned intstrlen (char * str);	统计字符串 str 中字符的个数(不包括终止符"\0")	返回字符个数
strncat	char * strncat(char * str1,char * str2,unsigned count);	把字符串 str2 指向的字符串中最多 count 个字符连到串 str1 后面,并以 NULL 结尾	返回 str1

续表

函数名	函数原型	功能	返回值
strncmp	int strncmp (char * str1 , * str2,unsigned count);	比较字符串 str1 和 str2 中至多前 count 个字符	若 str1<str2,为负数 若 str1=str2,返回 0 若 str1>str2,为正数
strncpy	char * strncpy(char * str1 , * str2,unsigned count);	把 str2 指向的字符串中最多前 count 个字符拷贝到串 str1 中去	返回 str1
strnset	void * setnset (char * buf,char ch,unsigned count);	将字符 ch 拷贝到 buf 指向的数组前 count 个字符中。	返回 buf
strset	void * setset (void * buf,char ch);	将 buf 所指向的字符串中的全部字符都变为字符 ch	返回 buf
strstr	char * strstr (char * str1 , * str2);	寻找 str2 指向的字符串在 str1 指向的字符串中首次出现的位置	返回 str2 指向的字符串首次出现的地址。否则返回 NULL

4. 输入输出函数

在使用输入输出函数时,应该在源文件中使用预编译命令:

♯include <stdio.h>或♯include "stdio.h"

函数名	函数原型	功能	返回值
clearer	void clearer(FILE * fp);	清除文件指针错误指示器	无
close	int close(int fp);	关闭文件(非 ANSI 标准)	关闭成功返回 0,不成功返回 —1
creat	int creat (char * filename,int mode);	以 mode 所指定的方式建立文件(非 ANSI 标准)	成功返回正数,否则返回 —1
eof	int eof(int fp);	判断 fp 所指的文件是否结束	文件结束返回 1,否则返回 0
fclose	int fclose(FILE * fp);	关闭 fp 所指的文件,释放文件缓冲区	关闭成功返回 0,不成功返回非 0
feof	int feof(FILE * fp);	检查文件是否结束	文件结束返回非 0,否则返回 0
ferror	int ferror(FILE * fp);	测试 fp 所指的文件是否有错误	无错返回 0,否则返回非 0
fflush	int fflush(FILE * fp);	将 fp 所指的文件的全部控制信息和数据存盘	存盘正确返回 0,否则返回非 0

续表

函数名	函数原型	功能	返回值
fgets	char * fgets(char * buf,int n, FILE * fp);	从 fp 所指的文件读取一个长度为(n−1)的字符串,存入起始地址为 buf 的空间	返回地址 buf。若遇文件结束或出错则返回 EOF
fgetc	int fgetc(FILE * fp);	从 fp 所指的文件中取得下一个字符	返回所得到的字符。出错返回 EOF
fopen	FILE * fopen(char * filename, char * mode);	以 mode 指定的方式打开名为 filename 的文件	成功,则返回一个文件指针,否则返回 0
fprintf	int fprintf(FILE * fp, char * format,args,…);	把 args 的值以 format 指定的格式输出到 fp 所指的文件中	实际输出的字符数
fputc	int fputc(char ch,FILE * fp);	将字符 ch 输出到 fp 所指的文件中	成功则返回该字符,出错返回 EOF
fputs	int fputs(char str,FILE * fp);	将 str 指定的字符串输出到 fp 所指的文件中	成功则返回 0,出错返回 EOF
fread	int fread (char * pt, unsigned size,unsigned n,FILE * fp);	从 fp 所指定文件中读取长度为 size 的 n 个数据项,存到 pt 所指向的内存区	返回所读的数据项个数,若文件结束或出错返回 0
fscanf	int fscanf (FILE * fp, char * format,args,…);	从 fp 指定的文件中按给定的 format 格式将读入的数据送到 args 所指向的内存变量中(args 是指针)	已输入的数据个数
fseek	int fseek (FILE * fp, long offset,int base);	将 fp 指定的文件的位置指针移到 base 所指出的位置为基准、以 offset 为位移量的位置	返回当前位置,否则返回 −1
ftell	long ftell(FILE * fp);	返回 fp 所指定的文件中的读写位置	返回文件中的读写位置,否则返回 0
fwrite	int fwrite(char * ptr,unsigned size,unsigned n,FILE * fp);	把 ptr 所指向的 n * size 个字节输出到 fp 所指向的文件中	写到 fp 文件中的数据项的个数
getc	int getc(FILE * fp);	从 fp 所指向的文件中的读出下一个字符	返回读出的字符,若文件出错或结束返回 EOF
getchar	int getchar();	从标准输入设备中读取下一个字符	返回字符,若文件出错或结束返回−1
gets	char * gets(char * str);	从标准输入设备中读取字符串存入 str 指向的数组	成功返回 str,否则返回 NULL
open	int open (char * filename, int mode);	以 mode 指定的方式打开已存在的名为 filename 的文件(非 ANSI 标准)	返回文件号(正数),如打开失败返回−1

续表

函数名	函数原型	功能	返回值
printf	int printf(char * format,args,…);	在 format 指定的字符串的控制下,将输出列表 args 的值输出到标准设备	输出字符的个数。若出错返回负数
prtc	int prtc(int ch,FILE * fp);	把一个字符 ch 输出到 fp 所指的文件中	输出字符 ch,若出错返回 EOF
putchar	int putchar(char ch);	把字符 ch 输出到 fp 标准输出设备	返回换行符,若失败返回 EOF
puts	int puts(char * str);	把 str 指向的字符串输出到标准输出设备,将"\0"转换为回车行	返回换行符,若失败返回 EOF
putw	int putw(int w,FILE * fp);	将一个整数 i(即一个字)写到 fp 所指的文件中(非 ANSI 标准)	返回读出的字符,若文件出错或结束返回 EOF
read	int read(int fd,char * buf,unsigned count);	从文件号 fp 所指定文件中读 count 个字节到由 buf 指示的缓冲区(非 ANSI 标准)	返回真正读出的字节个数,如文件结束返回 0,出错返回—1
remove	int remove(char * fname);	删除以 fname 为文件名的文件	成功返回 0,出错返回—1
rename	int remove(char * oname,char * nname);	把 oname 所指的文件名改为由 nname 所指的文件名	成功返回 0,出错返回—1
rewind	void rewind(FILE * fp);	将 fp 指定的文件指针置于文件头,并清除文件结束标志和错误标志	无
scanf	int scanf(char * format,args,…);	从标准输入设备按 format 指示的格式字符串规定的格式,输入数据给 args 所指示的单元。args 为指针	读入并赋给 args 数据个数。如文件结束返回 EOF,若出错返回 0
write	int write(int fd,char * buf,unsigned count);	从 buf 指示的缓冲区输出 count 个字符到 fd 所指的文件中(非 ANSI 标准)	返回实际写入的字节数,如出错返回—1

5. 动态存储分配函数

在使用动态存储分配函数时,应该在源文件中使用预编译命令:

♯include ＜stdlib.h＞或♯include "stdlib.h"

函数名	函数原型	功能	返回值
callloc	void * calloc(unsigned n, unsigned size);	分配 n 个数据项的内存连续空间,每个数据项的大小为 size	分配内存单元的起始地址。如不成功,返回 0
free	void free(void * p);	释放 p 所指内存区	无
malloc	void * malloc(unsigned size);	分配 size 字节的内存区	所分配的内存区地址,如内存不够,返回 0
realloc	void * realloc(void * p, unsigned size);	将 p 所指的已分配的内存区的大小改为 size。size 可以比原来分配的空间大或小	返回指向该内存区的指针。若重新分配失败,返回 NULL

6. 其他函数

有些函数由于不便归入某一类,所以单独列出。使用这些函数时,应该在源文件中使用预编译命令:

♯include ＜stdlib.h＞或♯include "stdlib.h"

函数名	函数原型	功能	返回值
abs	int abs(int num);	计算整数 num 的绝对值	返回计算结果
atof	double atof(char * str);	将 str 指向的字符串转换为一个 double 型的值	返回双精度计算结果
atoi	int atoi(char * str);	将 str 指向的字符串转换为一个 int 型的值	返回转换结果
atol	long atol(char * str);	将 str 指向的字符串转换为一个 long 型的值	返回转换结果
exit	void exit(int status);	中止程序运行。将 status 的值返回调用的过程	无
itoa	char * itoa(int n,char * str,int radix);	将整数 n 的值按照 radix 进制转换为等价的字符串,并将结果存入 str 指向的字符串中	返回一个指向 str 的指针
labs	long labs(long num);	计算 long 型整数 num 的绝对值	返回计算结果
ltoa	char * ltoa(long n,char * str, int radix);	将长整数 n 的值按照 radix 进制转换为等价的字符串,并将结果存入 str 指向的字符串	返回一个指向 str 的指针

续表

函数名	函数原型	功能	返回值
rand	int rand();	产生 0 到 RAND_MAX 之间的伪随机数。RAND_MAX 在头文件中定义	返回一个伪随机(整)数
random	int random(int num);	产生 0 到 num 之间的随机数。	返回一个随机(整)数
randomize	void randomize();	初始化随机函数,使用时包括头文件 time.h。	

参考文献

[1]谭浩强.C 程序设计(3 版).北京:清华大学出版社,2005

[2]胡明,王红梅.程序设计基础——从问题到程序(2 版).北京:清华大学出版社,2016

[3]李丽娟.C 语言程序设计教程(2 版).北京:人民邮电出版社,2009

[4]叶东毅.C 语言程序设计教程(2 版).厦门:厦门大学出版社,2014

[5]姜德森.C 语言程序设计.厦门:厦门大学出版社,2014

[6]魏宇红,王应时,李奇.C 程序设计项目教程.北京:中国时代经济出版社,2013

[7]Peter Van Der Linden.C 专家编程(2 版).徐波译.北京:人民邮电出版社,2008

[8]刘新铭,吉顺如,辜碧容,等.C 语言程序设计教程.北京:机械工业出版社,2006

[9]王敬华,林萍,张清国.C 语言程序设计教程(2 版).北京:清华大学出版社,2009

[10]克尼汉,里奇.C 程序设计语言(2 版).徐宝文,李志译.北京:机械工业出版社,2004

[11]Jeri R.Hanly,Elliot B.Koffman.问题求解与程序设计 C 语言版.朱剑平译.北京:清华大学出版社,2007

[12]张俐,杨莹.C 语言高级程序设计.北京:清华大学出版社,2006

[13]李敬兆.C 语言程序设计教程.西安:西安电子科技大学出版社,2014

[14]苏莉蔚.C 语言程序设计与实验指导.北京:机械工业出版社,2012

[15]苏小红,孙志岗,陈惠鹏,等.C 语言大学使用教程(3 版).北京:电子工业出版社,2013